空王者

飞过北京上空的

猛禽

张鹏 著

中国林业出版社

图书在版编目（CIP）数据

天空王者：飞过北京上空的猛禽／张鹏著 ． —— 北京：中国林业出版社，2019.5
ISBN 978-7-5038-9995-9

Ⅰ．①天…　Ⅱ．①张…　Ⅲ．①野禽－青少年读物　Ⅳ．① Q959.7-49

中国版本图书馆 CIP 数据核字（2019）第 053185 号

出	版	中国林业出版社（100009　北京西城区刘海胡同 7 号）
		http://www.forestry.gov.cn/lycb.html
		E-mail:forestbook@163.com　电话：(010)83143545
发	行	中国林业出版社
印	刷	北京雅昌艺术印刷有限公司
版	次	2019 年 5 月第 1 版
印	次	2019 年 5 月第 1 次
开	本	710mm×1000mm　1/16
字	数	262 千字
印	张	15
印	数	1 ～ 5000 册
定	价	68.00 元

鹰击长空，

鱼翔浅底，

万类霜天竞自由。

——毛泽东 《沁园春·长沙》

序一

猛禽包括鹰、隼、雕、鹞、鸮和鸫等鸟类，它们的形象庄严、威猛，深受人们的喜爱。猛禽是大自然的重要组成部分，它们处在食物链的最顶端，控制和调节其他野生动物种群动态，在维护自然生态平衡、保障农林牧业生产中起重要作用。猛禽在文化、教育、卫生事业和国防、科学技术及文学、艺术等方面都与我们的生活息息相关。

猛禽在分类上属鹰形目、隼形目和鸮形目。猛禽大都是以其他动物为食、性情凶猛的肉食性鸟类，捕食其他鸟类、鼠、兔、蛇等，或食动物腐尸。它们有良好的视力，可以在很高或很远的地方发现地面上或水中的食物。猛禽翼大善飞，嘴均强健有力，边缘锐利，上嘴端部具利钩，有的还具有齿突，以便控制猎物。猛禽的脚爪强而有力，趾有锐利勾爪。抓捕地面猎物的物种，趾爪粗壮，对猎物可以达到一击毙命的效果；以鸟类为猎物的物种，脚趾细长，相对纤柔，但是可以增加对猎物的拦截面积。猛禽的繁殖率较低，所以野外数量较少，都是国家重点保护野生动物。

全世界现生猛禽 500 多种，中国有 100 种，北京地区记录了 50 种。北京市面积占中国陆地面积不到 0.2%，猛禽分布种数却占中国猛禽种数的 50%，北京有丰富的猛禽资源，我们迫切想认识它们。

张鹏著的《天空王者——飞过北京上空的猛禽》告诉我们什么是猛禽，它们是怎么生活的，北京有哪些猛禽，怎样能看到猛禽，怎样辨识猛禽，为什么要保护猛禽，怎么保护猛禽，鸟与人类文明及有关鸟类和猛禽的知识，让我们全面、深入地认识猛禽。

张鹏用多年观鸟、工作、北京迁徙猛禽监测的经验，并通过参阅大量文献资料和深入的实地调查，给读者呈现了一部与众不同的图文并茂、科学性强而又有故事的猛禽著作。作者用最新的分类系统介绍了隼形目、鹰形目和鸮形目的北京

猛禽。详细介绍了目以下的分类，及其以独特的生活方式与栖息环境相适应的形态结构特征。用大量珍贵照片配合通俗易懂的文字描述，还用手绘图更清晰明确地显示猛禽的形态、结构。讲到某些猛禽时用"F-16 战隼""战鹰""鹞式战斗机""乌雕一对长长的翅膀和相对短小的尾巴，这种大展弦比的布局与大型轰炸机非常类似"等信息，给读者许多新的启发和历史回溯。书中以小贴士的形式，延展介绍了有关猛禽的形态结构及生物学知识。所以这本书是喜欢猛禽朋友非常适用的参考书，也是广大青少年朋友的珍贵读本。

猛禽在自然界中几乎没有天敌，因此只有人类能够对它们的生存构成威胁。受持续盗猎、环境污染以及栖息地减少的影响，许多猛禽已濒临灭绝，亟待人类加强对它们的保护。作者特别重视猛禽的保护，在《王者行天下，寻猛有妙方》中醒目地指出："永远将野鸟的利益放在前面！"作者还专门访问了拥有现代化硬件设施和一群真心热爱野生动物、专业素养过硬的"白衣天使"的北京猛禽救助中心。让读者了解他们是怎样保护和救助猛禽的。

让我们按《王者行天下，寻猛有妙方》的指引，到北京的山林、平原、湿地等自然环境中去欣赏天空王者——猛禽。

2019 年 3 月 18 日于首都师范大学

高武，首都师范大学生命科学学院副教授，国内首个民间观鸟组织——自然之友观鸟组创办人之一，身体力行推动中国观鸟活动的开展，深受中国观鸟及环保人士赞誉和尊敬。主编《经济鸟类学》《北京野鸟图鉴》等图书。

序二

北京的天空，是有鹰在飞的。

不知多少万年前，迁徙的鹰们就会呼朋引伴飞过这个地方。春季自西南而上，秋季自东北而下，周而复始，生生不息。

鹰们一直在用它们锐利的眼睛冷峻地观察着这座古城的一切。

它们曾目睹战国七雄中的燕国定都于此，终被虎狼之秦的铁蹄所征服；眼见隋炀帝征集百万民夫于此开凿大运河，却终致民不聊生、天下大乱；还见到燕王朱棣起兵叛乱，终获帝位，迁都来此，大修京城……诚然，见到归见到，人世间的种种纷扰都是鹰们难以明瞭的。

不过，区区上千年的城市史与动辄上千万年的自然史相比显然是太过短暂了一些。如今，烽火台上升起的滚滚狼烟散尽，庚子国变中响起的隆隆炮声飘远。这十几年来，鹰们又发现了一件新鲜事——京郊山头上忽然出现了一群终日观察记录它们行踪的人。这些人手持望远镜和照相机，日复一日，把天空来客的种类、数量、雌雄成幼、飞行状态记录下来，然后汇入数据库细细分析，试图解开它们的奥秘。

本书的作者就是这其中最认真最勤奋的那个人，也是我最为信赖的徒弟与伙伴。

我猜，老鹰们一定认识他。因为他的笔记中记录了种种鹰留下的线索，镜头中记录了数万只鹰的英姿。他知道很多鹰的知识，也积攒了许多鹰的故事。

英武、矫健、灵动、迅捷！要知道，鹰是数量稀少的顶级掠食者！每一种飞

过北京的鹰都在漫长的自然历史中掌握了关键技能从而进阶成为飞航专家和传奇捕手。它们中有的每年跨越千山万水往返于南非和西伯利亚之间，有的是这个星球上最高运动速度的记录保持者，有的可以猎杀岩羊、狐狸这样的大型动物，有的在大江大河中捕捉大鱼有如探囊取物，有的可以在群蜂的疯狂进攻中静享蜂巢，还有的嗜食毒蛇竟毫不惧怕……无需多言，它们中的每一只都是大自然的宠儿。

　　谁又能想到，北京这座钢筋混凝土的城市正是全世界老鹰种类最为丰富的地点之一。那么，就请作者带领大家一起去追踪这些来无影去无踪的稀禽的"航迹"。一扇自然的大门即将向你敞开。

　　这本书脱胎于工作在猛禽监测一线的核心人员笔记，现郑重推荐给大家。

2019 年 4 月

宋晔，野生动物调查监测工作者，野生动物摄影师，鸱之飞羽生态监测工作室负责人，北京猛禽迁徙监测调查项目负责人，出版了《中国鸟类图鉴：猛禽版》。

前言

欢迎来到王者天空

　　猛禽因其体格健壮、性情凶猛、飞行迅速等习性，自古以来就受到人们的喜爱甚至崇拜，成为名副其实的天空王者。纵观古今中外，猛禽的形象一直是力量与智慧的象征。早在三千多年前的商代，鸮这种独特的夜行性猛禽就备受商人的推崇，著名的文物妇好鸮尊就完美地展现了鸮的高贵气质。甚至有研究认为"天命玄鸟，降而生商"中的玄鸟就是现实中的鸮。不论这样的研究结果是否就是真相，大量商周直至战国时期的鸮形器陆续被发现，足可证实我们的先民对鸮这种猛禽的喜爱。在古希腊神话中，智慧女神雅典娜的爱鸟就是一只小鸮。因而，在古希腊人的文化里，鸮被认为是可以预测未来的雅典娜的智慧象征。而在现代文化中，猛禽也被很多的国家作为国徽、军徽中的重要形象，用来表达对力量与智慧的推崇与向往。

　　如今这件国宝级的文物——妇好鸮尊就陈列于国家博物馆。而在北京——这座有着千年建城史的古老都城，我们不仅可以通过这些珍贵的文物了解华夏民族的灿烂文明和对猛禽的推崇，更可以在现实中去亲眼观赏猛禽威武的身姿，感受猛禽带给我们的震撼。北京有着良好的生态环境和丰富多样的生境类型，每年都会吸引着众多的猛禽来此繁殖、生活。同时，因其独特的地理、地形特点，更成为了众多猛禽南北迁徙路线上的重要驿站。你可能很难想象，在北京，每年都可以观赏到数以万计的猛禽！如果恰逢猛禽迁徙的高峰，你甚至有机会观赏到数千只猛禽飞翔天际的壮观"鹰河"。

　　本书采用了郑光美先生《中国鸟类分类与分布》（第三版）中确定的鸟类分类系统，并介绍了猛禽分类观点变化情况。同时也介绍了很多鸟类学、生态学、

动物地理学等学科的有趣知识。书中通过生动有趣的语言、充满野性魅力的生态照片以及精心绘制的插画，带您领略猛禽的风姿，力求在轻松愉快的阅读氛围中，使您了解这些天空王者生活的方方面面。

猛禽不仅仅是人们喜爱的对象，在现实的生态系统中也有着不可替代的重要作用，是生态系统健康与否的重要指标。然而，随着人类活动、环境的变化以及野蛮猎杀等原因，这些原本自由翱翔在天际的王者，却也面临着一个又一个的危局。英国著名的生物学家、动物行为学家和动物保育人士——珍·古道尔（Jane Goodall）曾经说过："唯有了解，我们才会关心；唯有关心，我们才会行动；唯有行动，生命才有希望。"为了帮助大众更加文明和科学地了解猛禽，书中详细地介绍了北京的赏鹰路线和地点，并为初学观鸟的朋友们提供了实用而科学的赏鸟指导。在向公众介绍猛禽种种趣闻的同时，本书也着力介绍了猛禽在生态环境中的种种困境，以及人们为猛禽保育做出的众多努力，希望藉此唤起大众对于猛禽这一特殊类群鸟类的关注和保护。

猛禽是大自然中最奇妙的精灵之一，是翱翔天际之间当之无愧的王者。让我们一起走进这王者天空，一起去领略猛禽的风采，去感悟自然的神奇与魅力，一起向这些天空的王者伸出援手，保护猛禽就是保护我们共有的家园。感恩猛禽带给我们的感动与力量。感恩，大自然。

在本书的编辑、出版过程中，得到了自然之友野鸟会、北京猛禽救助中心及众多自然摄影师的热情帮助。没有你们的大力支持，就不会有本书的顺利出版，在此表示最诚挚的谢意！同时，感谢北京市科学技术协会科普创作出版资金的支持！感谢所有朋友的帮助！

2019 年 3 月

目录

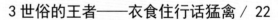

1 王者危情——
大自然中的猛禽

◎猛禽的生态地位

如果提到"猛禽"这两个字，你的脑海里会反映出怎样的一幅画面呢？

空山幽谷，一只大雕缓缓升腾，不时发出凄厉的叫声？鲲鹏展翅一去万里，豪情万丈，气宇轩昂？抑或是《哈利·波特》里那只连接着魔法与现实世界之间的海德薇（Hedwing，为哈利·波特充当信使的雪鸮）？

飞过北京上空的大雕（图为鹰形目金雕 汤国平 摄）

回到现实中的大自然，"猛禽"并不是一个严格意义上的鸟类分类学名词。通常情况下，人们将隼（sǔn）形目中各种隼类，鹰形目中的各种鹰、雕、鸢、鹫（jiù）、鹞（yào）、鵟（kuáng）等，以及鸮形目中的各种鸮类通称为猛禽。它们通常都具有"嘴强大呈钩状，翼大善飞，足强劲而有力，趾有锐利勾爪，性情凶猛"的特点。

在全世界范围内，现生的猛禽被分类为鹰形目、隼形目和鸮形目3个目，总计约515种。根据其主要的活动时间和身体特征，又将鹰形目、隼形目猛禽统称为"昼行性猛禽"，而鸮形目猛禽则被称为"夜行性猛禽"。

猛禽广泛地分布在全世界除南极洲和少数海洋岛屿以外的绝大多数陆地之上。它们当中的绝大多数都属于捕食性鸟类，在生态系统中扮演着顶级消费者的角色。猛禽与虎、豹等大型肉食性哺乳动物一样，是食物链顶端的动物。

猛禽尖锐钩状的喙和锐利的目光（图为隼形目猎隼 孙驰 摄）

我们俗称的猫头鹰——鸮形目鸟类也是猛禽中的重要一员（图为灰林鸮 杨杰 摄）

在陕西秦岭的长青自然保护区拍摄的珍稀猛禽——鹰雕

只有在一个完整的生态系统中，猛禽才可以健康地生活。因此，猛禽也是评价生态系统健康与否的重要指标。自古至今，猛禽都与人类的生存息息相关，都在给人类带来直接或间接的益处。例如，很多猛禽都是鼠害和虫害的天然防治者。健康的猛禽种群可以有效地控制当地的野生动物种类和数量，使之保持在一个稳定的水平，不至于爆发性增长，甚至危害人类的生产、生活。再比如，鹫类这种大型食腐性猛禽，它们独有的食性使之成为脊椎动物中为数不多的全职大自然"清道夫"。这些猛禽依赖其特有的身体结构和钢铁般的消化和免疫系统，可以在大快朵颐的同时避免自身感染，这就阻断了自然界中细菌或病毒的传播和流行。很难想象，如果没有鹫类的存在，大自然会是一个什么样的情形。

大自然的清道夫——秃鹫（杜松翰 摄）

正在捕食鼠类的红隼（杜松翰 摄）

◎猛禽的生存危机

正因为猛禽在生态系统中不可替代的重要作用，世界各国对猛禽的保护普遍非常严格。在《濒危野生动植物种国际贸易公约》（CITES）中，就将几乎所有隼形目、鹰形目及鸮形目的猛禽列入附录Ⅰ、Ⅱ加以严格保护。在我国，则将所有的猛禽纳入了国家Ⅰ级或Ⅱ级重点保护动物，对其养殖、猎捕和利用都有着严格的限制。但也正因为猛禽的特殊生态地位和自身凶猛的气质，使其生存遇到了一些意想不到的危局。

一方面，随着人类活动范围的大幅度增加，人类消耗自然资源的不断加剧，很多地方原本稳定的生态环境遭到了不可避免的冲击。森林遭到砍伐，山岭被改造成农田，过度放牧使得草场退化，地下水源的过度开采使得干旱地区逐渐呈现荒漠化的景象……都使得当地的生态变得不堪一击，食物链难以维系，猛禽自然就无法生存。

另一方面，人类的生产生活不可避免地会向自然界排放化学污染物质，这些有害物质在自然界中，会沿着食物链不断向上累积。而在这个过程中，居于食物链顶端的猛禽无疑成了最大的受害者。它们会在相对较长的生命中，因为捕食了含有害物质的猎物，而让这些可能原本毒性不大的物质大量富集在体内，从而对自身健康甚至繁殖产生毁灭性的打击。在印度生活的兀鹫，就因为食用了太多体内含有化学药品而死亡的牲畜，造成种群大量死亡现象，甚至险些遭遇物种灭绝的生态灾难。

过度放牧造成草原的沙漠化

被污染的河流　（李玉强 摄）

与此同时，在猛禽本就已经危如累卵的生存条件下，人类仍然在有意识甚至是大规模地猎杀它们。猛禽因其凶猛的捕食行为，在历史上曾被猎人捕捉和驯养，帮助其猎捕动物。这样的猎杀被称为鹰猎。在鹰猎过程中，猛禽是猎人有力的帮手。但是，以现代动物伦理和生态文明的角度审视鹰猎，其驯养的过程存在着诸多对猛禽不良甚至是有害的操作。同时，随着人类生产能力的飞跃发展，鹰猎早已不再是维系人类生活的必要手段。这种落后的，甚至是残忍的行为早应被尘封于历史的记忆当中。然而，如果你留意观察，在我们的生活中还时常会出现"左牵黄右擎苍"的所谓"鹰猎爱好者"。甚至在一些地方，这样的行为被冠以"文化"的噱头，成为招引游客的幌子。要知道，猛禽的繁育在世界动物保育中都是一个难题，在中国这些用于鹰猎的猛禽更是完全取自野外捕捉。鹰猎这一怪相的存在，使猛禽的生活雪上加霜。如果你在搜索引擎上键入某个猛禽的名字，映入眼帘的很可能不是关于这种猛禽的知识或者生活趣闻，而是"某某鹰多少钱一只"，在一些电商平台上，你可以轻易地买到鹰猎的全部用具。在更隐秘的网络世界中，你甚至可以购买到国家 II 级甚至国家 I 级重点保护猛禽。

等待被售卖的红脚隼

在我的观鹰经历中，就曾经多次目睹从鹰猎者手中带着脚绊逃离的猛禽。每每这样的时候，我都会百感交集，为它们可以重获自由而感到高兴。但想到这些可恶的脚绊很可能会在某次降落中将它们死死困住，让它们饥饿而死，我又会为它们今后的生活感到深深的担忧。

在世界的另一些欠发达地区，由于生活的困境，当地的人们依然会捕捉"丛林肉"以补充营养。在这个过程中，由于部分猛禽大规模迁徙的习性，就使得它们很容易地成为那里人们餐桌上的美食。例如在印度的一个偏远山区，就曾经出现大规模猎杀红脚隼的情况。在那里，一个迁徙

非法饲养逃逸后被脚绊困死的幼年苍鹰

季节里被捕杀的红脚隼就可以达到 10 万只以上这样一个令人咋舌的可怕数量。

现实中，我们不能因为自己的富足就断然否定贫苦大众的衣食之需。而从根本上解决人类生产生活发展与自然环境保护之间的矛盾，不可能在朝夕之间得以完成，这需要全人类的集体智慧和共同努力。在当今世界环境保护问题日益得到全人类关注的今天，特别是在中国政府将生态文明建设纳入党和国家发展的基本方针的当下，我们应该有这个责任，更有这个自信可以为这些天空的王者，为大自然做得更多。而这一切，也许正如本书前言中提到的珍·古道尔的那句名言，"唯有了解，我们才会关心；唯有关心，我们才会行动；唯有行动，生命才有希望"，我们是不是可以从更多地了解这些猛禽开始呢？

从非法饲养中"逃生"的游隼，脚上还戴着脚绊

2 北京，北京——
猛禽和北京的缘分

　　根据郑光美先生的《中国鸟类分类与分布名录》（第三版），中国共有猛禽 3 目 5 科 40 属共 100 种。而在北京，我们可以看到全部 3 个目中 4 科 25 属约 50 种猛禽。这就意味着，在种的级别上北京可以看到全国猛禽物种的半壁江山。

　　从全国的范围来看，猛禽分布最丰富的地区包括云南、新疆、四川、北京等地。我们知道，云南省是世界野生动植物多样性的热点地区之一，有着丰富的猛禽物种不足为奇。而新疆则是中国地域面积最大的省份，总面积达到 166 万平方公里之巨，同时又是我国最西部的省份，在这里有着多样而与东部地区迥异的物种也是理所当然。那么，北京这样一个面积仅有 16410 平方公里的直辖市，何以成为猛禽分布的热点地区呢？难道是这些猛禽都很怀旧，对北京这座古都情有独钟？或者是喜欢赶个时髦，偏爱这座崛起的东方大都会？为了搞清楚这个问题，我们需要坐上"时光穿梭机"，回到很久很久以前，从一片洪荒中去探究一下我们脚下的这片土地到底从何而来，去看看我们和猛禽之间究竟缘起何处。

◎鸟瞰北京——北京自然历史地理概况

　　地球大陆壳形成始于 40 亿年前，而北京所处的华北（中朝）陆块大约形成于 36 亿年前的太古宙，是地球最古老的陆块之一。那时它还远不在当下这个位置。华北陆块以及塔里木陆块、扬子陆块这些构成中国陆地的主要陆块先后形成以后，就与如劳亚古陆、亚马孙、澳大利亚等构成地球陆地表面的其他陆块一起，开始了漫长的"漂移"之旅。

飞过北京城上空的灰脸鵟鹰

经过了十多亿年，到了志留纪晚期，也就是两栖动物开始尝试登陆的那个时期，构成中国大陆的华北、塔里木、扬子以及华夏古陆初步完成了拼合。又过了 2 亿年，到了三叠纪的晚期，经过长达 5000 多万年的印支构造期，中国的东部各陆块已经完成了基本的拼合，但地形地貌却与如今相距甚远。那时候，北京西部的很多地区属于温暖湿润的盆地地形，植被茂盛，如今西山门头沟一带的煤炭，就是在这一时期的盆底沉积中形成的，这样的情形延续到中生代中晚期的侏罗纪和白垩纪。在这个时期，原始的哺乳动物们开始小心翼翼地在恐龙的夹缝中寻求生存空间，原始的鸟类们也已经开始飞翔在地球的天空，而像长趾辽宁鸟（*Liaoningornis longidgitus*）这类现生鸟类的直系先祖——原始的今鸟亚纲鸟类，也已经在华北平原东北的辽西地区出现，并慢慢成为天空的王者。但我们的主角——猛禽此时还没有登上历史的舞台，至于我们人类自己更是需要再过一段时间才会与这个美丽的星球相遇。在这个时期，经过燕山期构造活动，北京的北部挤压出了古燕山山脉，而在北京的西部形成了古太行山脉，北京如今的基本形貌已有了"骨架"。但在当时，太行山还不那么挺拔，山脉西侧的晋陕高地也远没有达到如今黄土高原的高度，而山脉东侧的华北地区则发育成为大规模的断陷盆地。

直到 5000 万年前的始新世晚期，由于印度板块的强烈楔入，使得中国的西部青藏地区强烈抬升，在重力均衡作用下，中国西部各台阶也依次抬升起来。经历了 3 个阶段的喜马拉雅运动，到了新近纪的末期，中国的现代地形特征基本奠定，太行山脉开始高耸于华北平原的西部。

到了中新世的中期，鸟类和哺乳动物也在快速地演化。此时已经出现了例如顾氏中新鹫（*Mioaegypius gui*）这样现代意义的猛禽。同一时期里，大约 700 万年以前，人终于从猿中分离出来，到了 500 万～400 万年前的新近纪晚期，在非洲的土地上诞生了最早一批人科动物——南方古猿"露西"。同时，由于印度板块的楔入，不仅造就了中国大陆西高东低"三级台阶"的基本地貌，也阻断了原本环绕赤道的暖流路径，改变了地球表面的大气环流，使得北半球形成了相对干燥、寒冷的气候特点。在山脉隆起的同时，从西北的荒漠地区带来的大量尘沙在太行山脉的阻挡下沉积下来，逐步垫高了第二台阶的高度。同时随着板块挤压，黄河中游的板块出现断裂沉降，形成了很多大面积的古湖，聚集了大量的水源。这些地表水依着地势向东流淌，但也受到太行山脉的阻挡，直至 40 万～35 万年前，黄河在三门峡终于切穿了太行山脉，一路向东冲积出了宽广的黄河下游平原，而几乎在同一时间段里，永定河也在门头沟的三家店切穿了太行山余脉的西山山脉，源源不断地将黄土高原大量的泥沙向东"堆砌"在华北的土地上，不断扩展着华北平原的势力范围。

巍峨的太行山矗立在了北京西侧

永定河从太行山中流出，浇灌着我们脚下这片土地

从这个角度上说，永定河实实在在是北京的"母亲河"。但想到卢沟桥下的那条河，你一定会觉得奇怪，这样一条不起眼甚至时断时续的河流，怎么可能造就北京呢？其实，"永定"这个名字正反映出人类和这条河流的关系，也许我们可以从中找出些眉目。永定河在古时称为"浑河""无定河"，在流出西山以后，流速迅速下降，这就造成河道泥沙大量沉积，如此大的含沙量很快就会使得河道淤高、河水泛滥。这也就是"无定河"这个名字的由来，而后来"永定河"这个名字实实在在地反映出人类的美好愿望。但从更久远的历史看过来，正是由于永定河的"无定"才造就了北京。在永定河的不断"滋养"下，北京终于形成了如今的地貌，宛如在西山、燕山环抱中平静的海湾。于是，这里便有了"北京湾"这样一个温馨的名字，也给了世世代代生活于此的北京人一个宁静的家园。

西山脚下沐浴在晨曦中的北京湾

繁忙的京港澳高速公路

　　说到"北京人"，你会不会想起北京房山周口店龙骨山山洞里的那些神秘"住客"呢？在 70 万～ 60 万年前，那里生活着一群名为中国猿人北京种（*Sinanthropus pekinensis*）的人科动物。与更早的露西不同，他们不再是古猿，而是更加接近如今人类的直立人物种。关于"北京人"有很多神奇的故事，可能你都耳熟能详，但你知道吗？在"北京人"的遗址中，终于发现了他们与猛禽的交集。这是同样在龙骨山北京人产地发现的一种隼形目猛禽，后来被命名为周氏隼（*Falco chowi*）。从这个学名可以看出，这已经是一只真正的"隼属"动物，与现生的红隼、游隼等动物已经相当接近。其实，在更新世中晚期，已经出现了包括隼属、鸳属等很多现生猛禽的直系近亲。于是我们脚下的这片土地，终于找到了和这群天空王者确实的交集。

　　时间过得飞快，转眼间已经到了 8000 年前的新石器时代。也许是出于更久远记忆中对猛禽的恐惧，远古中国的先民们对猛禽，尤其是猫头鹰都充满了敬畏。在那个时期的众多文化遗址中，出土了很多鸮形器物。到了公元前 1766 年的商代，北京这片土地就已经有一些部落在此生活，而猛禽在商人的心中更是上升到了图腾崇拜的程度。到了公元前 1122 年，周武王率军阀灭了商，中国进入了周代，分封制度得以建立，华夏的

昊天塔下的京广铁路

土地被周王分封给不同的诸侯进行治理，而地处华北的燕国就是周最早的 8 个诸侯国之一，其治所就在蓟，也就是北京城的前身。在当时，燕作为中原农耕文明连接北方游牧文明的咽喉关口，是周北方边陲的重要封国。横亘在蓟北面的燕山，成为了这座城市的天然屏障，古北口、南口等少数几个关口则像城门一样，为必要的沟通提供了天然通道。

与这些关隘相比，沿西山—太行山东麓，则成为连接中原与北方最重要的"交通干线"。如果我说出这一条古代"高速公路"沿线的一些重要城市，你一定不会陌生，比如殷（河南安阳）、邯郸、邢台、定县（河北定州）、蓟（北京）。现在你一定发现了，这条大道竟然连通了中国历史上最重要的一些城市，这里包括了商的王畿之地——殷，周早期的地区政治中心——邢台，战国七雄之一的赵国国都——邯郸，以及更加著名的北京。如果是一个铁路迷，你一定会发现这也是中国最早的一条铁路——平汉铁路（也就是新中国建立后的京广铁路）选择的线路。生活在北京的你应该也会发现，这条大道也正好与北京最早建设的 G4 京港澳高速北段完全重合……

难道这一切都是巧合？读到这里，你也许已经发现了其中的奥妙，正是由于大自然亿万年的鬼斧神工，才造就了巍峨的太行山脉与其脚下平坦的华北平原，才决定了我们人类经历千年的历史，还会选择同样的这一条南北通途。如今，每一年仍会有几千万人次借由这条通路南来北往，或抵达或离开北京这座巨大的城市。然而，我们的主角呢？如今的我们又是如何与它们在这里相会的呢？

◎王者恋京城——猛禽与北京的结缘之谜

我们有机会在北京见到这么多的猛禽，其中一个重要的原因就是北京处在世界猛禽迁徙的重要通道上，每年都会有数以万记的猛禽从北京的上空飞过。在北京可以看到的50种猛禽中，有超过45种主要种群为旅鸟。在春天里，这些猛禽有的从中国的南方飞来，有些则会从更远的南亚，甚至是婆罗洲出发，跨越大洋一路向北，更有甚者会不远万里从非洲的中南部风尘仆仆赶往俄罗斯远东地区的繁殖地。到了冬天，它们又会不辞艰辛、无畏艰险，千里万里南下越冬，而北京正是这些远行中的猛禽的一座驿站。

于是，在北京的天空之上，在每一个迁徙季里，野生动物迁徙这篇壮丽的史诗都会被反复演绎，而主角正是这些我们似乎还有些陌生的——猛禽。正如前文所述，我国的华北地区是世界猛禽迁徙的重要通道。

通过对北京地貌形成的介绍，我们已经知道，纵观北京的地形，可以概括为西北高、东南低。西北方向上，北部统称为军都山，是一片镶嵌着若干山间盆地的断块山地，属于燕山山脉；西南部统称为西山，是一系列东北—西南走向、大致平行的皱褶山脉，属太行山脉；而在东南方向上则是大面积延伸向渤海的缓慢倾斜的平原地区。形成这样一个"北京湾"的地形，大自然用了近40亿年的时光。

沿着西山迁徙的白腹鹞（杜松翰 摄）

关于鸟类的迁徙起源众说纷纭，但可以肯定的是它们之所以有这样的行为，和食物随四季变化带来巨大变化有着重要的联系。在北半球的春季里，为了获得北方因为万物萌动而增加出来的生物能量，无数的候鸟们会从远方赶来，生儿育女。而在迁徙过程中，为了减少长距离飞行带来的巨大消耗，很多鸟类都会采取翱翔的方式飞行。猛禽们，特别是鹰隼这类昼行性猛禽，大都是御风翱翔的高手，这种飞行方式对于上升气流有着较强的依赖。而在白天，沿着山脉的迎风坡往往会形成较强的上升气流。显然，这种气流对于翱翔中的鸟儿是非常有利的。于是，在迁徙季节的北京西山地区，也就会出现大量借着山地有利气流条件迁飞的猛禽。

同时，包括猛禽在内的很多鸟类都需要在经历了白天辛苦飞行后，进行补给和夜栖。由于西山地区经过几十年的林业建设，植被丰茂，食物资源相对丰富，而且这一地区通常较少有人类活动，这就给鸟类的停息和补给提供了非常理想的环境。所以，不只是猛禽，像雁鸭类、鹭类、鹤类、大鸨等类群以及很多雀形目鸟类都会选择利用西山山脉作为迁徙的重要通道。每年都会有无数的候鸟或飞过、或停息在这里。可以说，西山山脉是鸟类大迁徙的高速公路，而北京正是这条高速公路上的五星级服务区。

猛禽借助山脉上升气流飞翔的模式示意图

迁飞中的鸿雁群（丁德永 摄）

迁飞中的达乌里寒鸦群

迁飞经过西山的国家 I 级重点保护野生动物——大鸨

如果说，奔波在京港澳高速、京广铁路上的我们，是为了生活选择了这样一条便捷的大道，那么，这些猛禽和同样选择飞过西山的其他鸟类们，又何尝不是如此呢。现在，你终于明白了吧，大自然神奇的力量，不仅造就了"北京湾"独特的地形，同时也让这些猛禽选择年复一年地飞抵我们这座美丽的城市。

同这些威武的天空王者一样，作为人类的我们，也同样是因为自然的恩赐，才得以幸福地生活在北京这一片土地之上。感恩自然，创造了这样一个宁静的港湾；感恩自然，让我们足不出户，就可以欣赏到大自然中最壮观的鸟类迁徙大戏。让我们小心呵护脚下的这片土地吧，一起迎接这些信守着与自然亿万年约定的王者……

3 世俗的王者——
衣食住行话猛禽

◎衣——王者无华

说到猛禽的"穿衣"问题，大家不妨闭上眼睛先想一下印象里它们的颜色。猛禽的体羽颜色从几乎纯白到近乎全黑，貌似丰富多彩，但仔细回忆大都是白、灰、褐、黑的组合，相比于鸟类的其他类群，如雉类、雁鸭类以及很多雀形目的小鸟，应该算穿得很朴实了。究其生理上的原因，是猛禽的羽色主要由身体内的黑色素作用的结果。而且，猛禽大都是捕食性的鸟类，为了在捕猎中避免被猎物过早发现，"穿着"朴素一点可以更好地隐藏自己。

猛禽的体色大都比较暗淡（图为日本松雀鹰）

暗淡的体色帮助猛禽与环境融为一体（图为大鵟）

紫水鸡

和平鸟（雄鸟）

蓝喉拟啄木鸟

相比于猛禽，其他类群的很多鸟类羽色非常鲜艳

再来看看具体的羽毛，体表被覆羽毛，被认为是鸟类区别于其他动物类群的一个重要特征，从始祖鸟开始的已知鸟类都具有这个显著的特征。羽毛是表皮的角质化衍生物，是由 β 角蛋白构成的纤维性蛋白多聚物。鸟羽毛按照其功能及形态的主要特征，可以分为 6 类：正羽、绒羽、半绒羽、毛羽（或纤羽）、粉䎃和须。

这六类羽毛中，正羽覆盖于体表，构成鸟类严密的保护层，是最普遍和主要的羽毛之一。飞羽及尾羽都是特化的正羽，是完成飞翔的主要结构，与猛禽的生活习性、运动方式等方面有着最重要的联系。为了适应长距离的迁徙、捕捉灵活的猎物等方面的需求，猛禽演化出了强大的飞行能力。例如高山兀鹫可以凭借其翼展超过 3 米的"巨型翅膀"，将近 10 千克的身体带入高空，长时间翱翔寻找动物尸体；雀鹰等小型猛禽可以灵活地穿梭于丛林之间捕食小鸟；游隼发起进攻时，以接近 350 千米 / 小时的速度冲向猎物……这些高超飞行技术的实现，都与飞羽有着密切的关系。至于其中蕴含着什么样的奥妙，后面我们慢慢来聊。

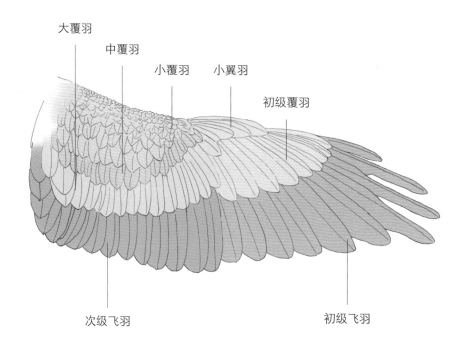

大覆羽　中覆羽　小覆羽　小翼羽　初级覆羽　次级飞羽　初级飞羽

◎食——无肉不欢

　　之前提到，猛禽通常为捕食性动物，也就是说它们绝大多数都不是吃素的。具体来说可就包罗万象了，软体动物、昆虫、两栖动物、爬行动物、鸟类以及哺乳类动物等，都可以进入猛禽大家族的食谱。

　　比如凤头蜂鹰，从名字就可以看出它的主食是蜂这类体型不大的昆虫，很难想象这样一个体长近 60 厘米、翼展超过 130 厘米的中型猛禽居然主要是靠吃这些不起眼的小虫维生。

　　另外，还有很多猛禽也都喜欢吃昆虫，比如小型隼类及灰脸鵟鹰、赤腹鹰、褐耳鹰等。更小的小隼属的一些猛禽，甚至连蚂蚁也不放过。真是应了那句话——"苍蝇也是肉啊！"

红脚隼捕食蜻蜓（混沌牛 摄）

红隼吃螳螂（韩京 摄）

爬行动物不仅数量多，往往跑得也不那么快，当然是更美味的"便当"。比如蛇雕、短趾雕、凤头鹰以及隼雕属的一些种类就非常喜欢吃蛇，至于蜥蜴这类小型爬行动物，更是很多猛禽的家常菜。

猎隼捕食鸟类（大好 摄）

再把视线转移到水里，下面照片里这位叫鹗，是一位嗜吃鱼类的猛禽。在猛禽中海雕属和鸢属的一些种类也吃鱼，但从身体的适应性方面讲，鹗绝对是能力突出的专家级选手。

红隼正在捕食爬行动物（宋晔 摄）

再往大了说，就要到喜欢吃哺乳动物的了。猛禽里面以哺乳动物为主要食物的种类非常多，捕食对象的体型差别也很大。以鼠类为代表的这类小型哺乳动物是很多猛禽的最爱，原因很简单，它们数量众多而且分布广泛，捕食也相对容易。小到红隼，大到一些雕类都喜欢吃鼠。像鵟属、鸢属和一些隼类，为了平稳地巡视地面情况，发现鼠类的行踪，甚至演化出了"飘飞""悬停"等高超飞行技巧，形成了它们的一些招牌动作。这些在后面的章节中，咱们还会具体提到。

普通鵟吃老鼠（薄顺奇 摄）

雀鹰捕食鸟类（大好 摄）

鹗捕食鱼类（薄顺奇 摄）

随着体型的增加，猛禽捕食哺乳动物的能力也随之叹为观止。像金雕、白肩雕这一类大型的猛禽甚至可以攻击像山羊、狍子、幼年鹿类这种大型的哺乳类动物。要知道，一只成年雌性金雕的体重也不过 6 千克左右，而就算是一只体型一般的狍子，体重也在 30 千克以上。要猎杀体重超过自己数倍的猎物，难度可想而知。

　　可能有人会问，我们似乎忽略了一类重要的捕食对象，猛禽当然也会捕食自己的同类——鸟。这个捕食习惯尤其以鹰属及一些隼类猛禽为甚。相对于捕食其他动物，捕食鸟类更需要高超的飞行技巧。在这一领域，猛禽大体向着两个方向发展：一个是游隼这类以速度和力量为重要攻击手段的类群；另一个则是鹰属这类以高度机动性见长的类群。

正在捕食蜈蚣的蛇雕（谭春平 摄）

高山兀鹫

在吃的环节，我们还不要忘记的一个类群是大自然的清道夫——鹫类。它们往往体型巨大，但并不会主动发起攻击。名字叫"鹫"的猛禽其实挺复杂，其中包括了胡兀鹫、白兀鹫、兀鹫和秃鹫等几个属的猛禽。这些"和善"的大家伙基本不捕食活着的动物，但却在生态系统中扮演着极其重要的角色。

◎住——够用就好

说到房子，不知道年轻朋友们有什么样的感觉，反正我是一想到北京天价的房子就生出满脑门子的官司。可是，你知道吗？房子对于鸟类而言，虽然也是一件非常重要的事情，但它们通常只有在繁殖季节里才会需要住房，而且绝对是够用就好。"两室一厅小公寓"能行的话，绝不苛求"独门独栋大别墅"。猛禽也是如此，猛禽筑巢的时间通常在交配、产卵前 1 ~ 2 个月内完成，一般夫妻俩都会出份力，多少因种而异。各种猛禽在巢址选择上也会多种多样。比如高大树木之上，是鸢、鹰、鹫鹰、鵟以及部分雕等猛禽做窝的首选。

凤头鹰将巢建在大树上（余凤忠 摄）

菲律宾雕将巢建在大树上（孙驰 摄）

有些猛禽喜欢利用崖壁上的台阶或孔穴筑巢。这些猛禽有的体型巨大，比如金雕、秃鹫，将巢址选择在高高的山崖上有助于借助气流顺利起飞。还有一些选择住在崖壁上，与它们的生活环境以及捕食习惯有着密切的联系，比如雕鸮、游隼。

还有一些猛禽喜欢住在湿地附近。比如喜欢"飘"在湿地上空的鹞属猛禽，很多干脆将巢直接筑在苇塘里地面上或低矮的灌丛里。

当然也有喜欢住"楼房"的，比如小隼属的微型猛禽，就喜欢住在大树洞里。

雕鸮将巢址选择在崖壁之上（杨杰 摄）

游隼将巢址选择在崖壁之上（杨杰 摄）

红腿小隼的巢在树洞里

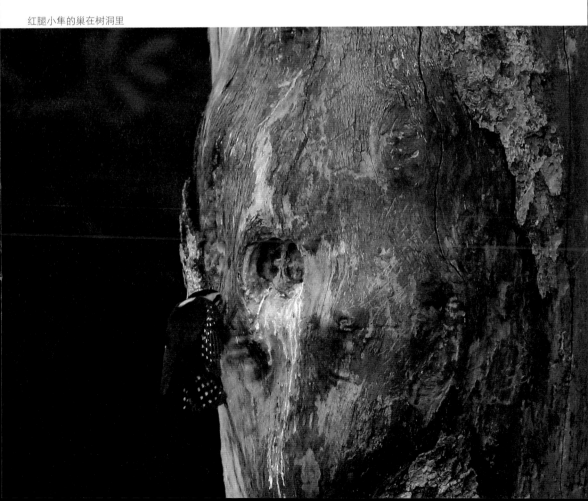

◎行——生存之本

现生鸟类中绝大多数类群都具有飞行的能力。而飞行对于猛禽来说至关重要，可以说是它们的生存之本，不仅关系到捕食，更关系到它们当中很多种类的迁徙和繁衍。在这里，我们先来重点说说猛禽的迁徙行为。我们知道，很多猛禽具有周期性迁徙行为。

对于迁徙行为的起源有着很多的假说。比如迁徙起源于北方高纬度地区，随着冰川期的到来，迫于生存的压力，鸟类开始南迁；随着冰期的结束，它们又开始返回……还有起源南方说，鸟类随地球板块北移，从而造成了南北方向的迁徙……再有就是迁徙起源于南方，由于种群的扩大，造成对食物、巢址等多方面的压力，使得种群中的一部分在食物丰富的春季向北扩散，到高纬度地区繁殖，由于高纬度地区冬季不适合它们生存，于是它们会在冬季到来前返回南方越冬从而形成稳定的迁徙行为。

在这三种假说中，似乎第三种更具合理性，它既解释了迁徙起源的动力，避免了新热带界部分候鸟向南迁徙与冰期发生的地理位置之间的矛盾，同时也不存在大规模板块漂移发生在鸟类出现之前的矛盾。

凤头蜂鹰集群迁飞（黄宣 摄）

总之，鸟类的迁徙是自然选择的结果，是鸟类对环境的一种适应的结果。这种迁徙行为是被写入基因的。有研究表明，部分迁徙鸟类在没有亲鸟带领的情况下，幼鸟也可以自行迁飞。同时，这种迁徙的行为也会因个体的差异有所变化，在定向繁殖选择的情况下，可以在较短的时间内改变一个种群的迁徙规律，这也从另一个方面证明了迁徙行为是由亲代的遗传物质所决定的。

　　在国内可以见到的猛禽中，很多都有迁徙行为，在北京能看到的猛禽中，更是有超过80%的物种是有迁徙行为的。它们都会在春季从南方越冬地出发，踏上或长或短的迁徙之旅。经过艰辛的旅程到达位于北方的繁殖地，交配、产卵、育雏，待幼鸟羽翼渐丰，便会启程返回南方越冬。

　　这里是一张猛禽迁徙路线示意图，从图中可以看到我国的猛禽迁徙基本会沿着2、3两条路线进行。这两条南迁路线起点在亚洲的东北部，终点则一条指向中国南部、东南亚及赤道附近苏门答腊岛、加里曼丹岛等岛屿（北京出现的凤头蜂鹰、日本松雀鹰、白腹鹞、灰脸鵟鹰等猛禽的一些种群会选择这条迁徙路线），另一条则会沿西亚远至非洲中南部（红脚隼、白头鹞等猛禽的一些种群会选择这条迁徙路径）。

世界猛禽迁徙路线示意图

注：参考 James and David（2005）绘制。

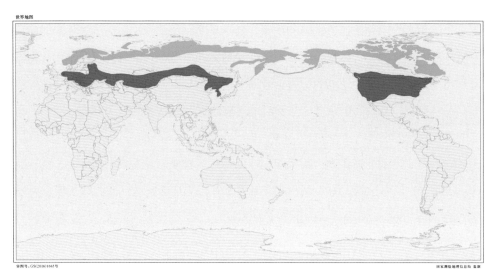

审图号：GS(2016)1665号

国家测绘地理信息总局 监制

毛脚鵟生活范围（绿色为繁殖地，蓝色为越冬地）

注：参考 James and David（2005）绘制。

当然这是个尺度非常大的路线，具体种群的迁徙会有各自的特点，并不是每一个物种的所有种群都会沿着固定的、精确的线路迁徙。春季和秋季的迁徙也会在具体线路的选择上略有不同。还有一些仅做较短距离的迁飞，例如冬季在北京看到的毛脚鵟。从分布图中可以看出，它们广泛分布在全北界，其中古北界分布的种群冬季并不迁徙到纬度很低的地区，这些都有赖于它们对于寒冷环境的适应能力。

再比如金雕和秃鹫这些大型猛禽，它们中的一部分不会做长距离的南北向迁徙，只在冬季"垂直"迁徙到海拔较低的地区。像北京地区冬季"盘踞"在一些河谷地带的"大猛"就属于这一类情况。

当然，猛禽的飞行不光是为了迁徙，捕猎也是飞行的重要任务。为了适应不同的捕猎方式，猛禽的双翼也演化出了很多不同的特点，发挥着其独到的作用。这些高超的飞行、捕猎技巧，我们后面慢慢来聊。

毛脚鵟（宋晔 摄）

冬天里秃鹫会"垂直"迁徙到较低的河谷地带

4 天下武功，唯快不破——
隼形目

◎ 4.1 隼形目猛禽概述

　　隼是隼形目（FALCONIFORMES）鸟类的统称。这是一类小到中型的日行性猛禽，因与其他日行性猛禽具有相似的外形和生活方式，隼类曾作为一个科，与鹰科、鹗科、鹭鹰科和美洲鹫科一起组成了一个更大的隼形目。近年来，随着分子生物学和系统发育学的研究，将原隼形目隼科鸟类提升为单独的一个目，而将原隼形目中余下的成员全部另归为鹰形目。

　　在世界范围内，隼形目有63个物种，中国有12种，在北京我们可以看到其中的7种，分别是：红隼、黄爪隼、燕隼、红脚隼、灰背隼、游隼和猎隼。通过观察你可以发现，它们在外观上具有这样几个一致的特征。

　　首先宏观上，它们两翼末端普遍比较尖锐，而少有"分叉"，拥有这样翼型是与它们相似的快速飞行捕食习惯相适应的。在这样一个流线型"三角翼"的帮助下，可以使隼类获得强大的短时加速和极速俯冲的能力。同时，这样一个翼型也成为远距离辩识隼形目猛禽的一个重要特征。

尖锐的两翼是隼类的特征（图为燕隼）

隼类喙部的齿突，图中是在北京猛禽救助中心接受康复治疗的猎隼
（北京猛禽救助中心供图）

　　如果近距离观察隼形目猛禽，会发现它们还有着其他的几个相似的地方。其一是隼形目鸟类的上喙具有一个尖锐的齿突，而下喙则有与之对应的缺刻。这是隼形目区别于鹰形目的一个重要特征，这个结构可以帮助它们快速地杀死猎物。当然，这个"齿"并非是解剖学意义上真正的齿。与现生的其他鸟类一样，隼类同样不具有齿，这个尖状齿突也是其角质喙的一部分，只是因其捕食需要形成的一种适应，是它们牙齿缺失的一种代偿。

另一个隼形目猛禽普遍具有的特征是它们的眼下通常具有一条或深或浅的髭纹（也称为髭斑），有的观鸟者更是形象地把这两条黑斑称为"泪痕"。这两条黑斑是不是很酷？

但隼类可不是为了装酷才画上这两行"泪"的。有研究表明，这种在眼睛下部或附近的深色条纹有助于破坏脸部的整体外观，同时可以减弱阳光反射对眼睛造成的干扰。简单地说，这样的"设置"可以帮助它们看清猎物，同时隐藏那一双炯炯有神的大眼睛。要知道一双注视着你的大眼睛，往往会被认为是危险的信号。你要是不信，不妨做一个小实验。在公园里你有时会发现，不远处有几只低头吃东西的小麻雀。这时，你可以停下来但不正眼看它们，用余光观察一下它们的反应。这种情况下，它们很可能还是自顾自地吃，如果它们没有飞走，你可以转过头去注视着它们……猜猜结果会怎样？试试就好，不要过多地打扰它们哟。其实这样的"设置"在自然界还有不少类似的例子，比如猫科动物的脸上很多也有着相似的斑纹，其中猎豹眼下的两条泪斑与隼类的髭纹简直是如出一辙。再有，你注意到了吗？为了达到隐蔽的目的，就连特种兵的脸上，也会用油彩涂上类似的条纹。这回你相信了吧？隼类这样的打扮不仅酷炫，还是很实用的！

猎隼眼下的髭纹（杨杰 摄）

猎豹（宋晔 摄）

在中国古代，我们的先民很早就对隼形目猛禽有着细致的观察和了解。在那个生产力落后的年代，古人就学会利用其凶悍的捕食习性，将隼类捕捉并加以驯养，使之成为可以为人类服务的捕猎帮手。"隼"字古时通"鹘"，在古籍中有着大量关于它们的记载。唐代著名诗人白居易曾在《代鹤答》一诗中，写下这样的辞句："鹰爪攫鸡鸡肋折，鹘拳蹴雁雁头垂。"这里对猛禽捕食的描写可谓十分精准。至于为什么我会这么说，且待下文分解。

游隼捕捉到了一只家鸽（杜松翰 摄）

像鸟儿一样飞上天空，一直是人们的梦想。随着1903年莱特兄弟将人类送上天空，如何飞得更快、拥有像隼一样极速的飞行能力就成为了人们不断追求的目标。于是，当人们拥有了更快的飞行方式时，就经常会想到用"隼"为之命名。在第二次世界大战期间，著名的航空发动机制造商罗罗公司（Rolls Royce）在1935年开发了一款强大的V12引擎，因为它能够提供的强大动力以及因此给飞机带来的高速飞行能力，罗罗公司为这款发动机命名为"Merlin"，而这个词的意思正是"隼"！这款发动机在其诞生后的十余年里共生产了超过16万台！先后被安装到英国的"喷火""飓风"战斗机，"蚊"式、"兰开斯特"轰炸机，以及美国的P-51"野马"等一大批同盟国二战名机中，为赢得反法西斯战争的胜利，立下了汗马功劳！时至今日，西方人对以"Merlin"这个名字命名发动机的热情仍未减退。最近出尽风头的"重型猎鹰"（Falcon Heavy）火箭，把一辆特斯拉跑车送上了太空，而且成功实现了一级助推器的回收。暂且不说这火箭的名字已经直接用了"Falcon"（隼）这个词，你知道吗，支撑这一系列耀眼成绩的还要归功于另一项先进技术——27台火箭发动机的同步可靠运行。想知道这些发动机的名字吗？你猜对了，这些发动机的名字正是"Merlin-1D+"。

装备 Merlin 发动机的 P51 野马战斗机（张晖 绘）

小贴士：Merlin

"Merlin"这个词的英文原意是隼，但这个词在生物学里还有一个意思是灰背隼（*Falco columbarius*）的英文俗名。而这种小型隼的一个重要特征就是低飞速度极快！经常凭借这种高超的飞行能力捕捉雀鸟甚至鸽鸠，很多有经验的观鸟者甚至可以通过这种极速低飞的动作辨认出灰背隼。另外，你可能知道美国总统的专机呼号为"Air Force One"（空军一号），可你听过"Merlin One"这个呼号吗？原来，这是美国总统专用直升机的呼号，中文翻译为"海军陆战队一号"。

一般情况下，美国总统远距离出行，经常会先乘坐直升机到安德鲁斯空军基地，然后再换乘"Air Force One"前往各地。而选择乘坐"Merlin One"的原因，我猜就是因为它像隼一样轻便和快捷吧。

天下武功，唯快不破！怎么样？听到这里，你一定急不可耐地想知道这些极速杀手更多精彩的故事了吧？好，那就且听我慢慢道来……

红隼飞过北京大学未名湖畔的博雅塔（王放 摄）

◎ 4.2 御风轻骑——红隼

如果说要找出一个物种，作为北京的隼形目猛禽代表，我想非红隼（*Falco tinnunculus*）莫属了。如果你生活在北京，那么红隼应该就是最为常见的猛禽，没有之一。

湿地荒滩、城市公园乃至你居住的小区里，都有可能看到它的身影。如果足够幸运，没准儿安置你家空调室外机的小平台，就会成为红隼的家。

红隼在居民阳台上筑巢安家（刘川 摄）

红隼头部

　　红隼的常见，从它的英文名就可见一斑——Common Kestrel（普通的隼），怎么样？很"普通"吧。看到这儿，Common Buzzard（普通的鵟）估计会出来喊冤吧，同样叫"Common"凭啥它有一个这么响亮的名字。没办法，谁让你普通鵟同学长得这么没特点，而且你们"全家"都这么没特点！哦，关于鵟们的话题，这个暂且按下不表，后面说到它的时候细聊，让我们继续来说红隼。

这么有代表性的猛禽不认识怎么可以？其实认出红隼也不算难，红隼长得很有特点。这个特征就是——"红"，说具体一些就是后背的砖红色。具有类似的特征，在北京需要排除的只是一种叫黄爪隼的。客观地说，在野外要准确分辨它们还是有一点困难的，好在后者在北京并不常见。所以，如果你看到有一只隼形目猛禽，看上去背面是砖红色的，那基本上就是红隼了。

红隼的体长只有33～39厘米，站着和一个大可乐瓶子差不多，体重210～390克，重也不超过六七个鸡蛋，是一种小型猛禽。它们的食性比较多样，包括昆虫、雀形目小鸟以及老鼠都在它们的食谱之列。其中啮齿类动物尤其是它们的最爱，由于有人类居住的地方，往往也是鼠类喜欢聚集的地方，这也成为我们更容易见到红隼的一个原因。

红隼喜欢在开阔的地方捕食，为了更好地观察地面上猎物活动的蛛丝马迹，它们演化出了一种极具特色的飞行方式——悬停。我们知道，猛禽普遍具有非常出色的视力，但即便如此，在飞行中看清地面的情况依然不是件容易的事情。所以，红隼会利用自己高超的飞行能力，在很少扇动甚至不扇动翅膀的情况下，只借助风的力量在低空几乎保持静止不动。只等猎物出现的一瞬间，锁定它们，然后猛地俯冲下去，一击致命！看红隼捕食，像极了武装直升机在伏击坦克，绝对是大自然精彩的瞬间。

砖红色的后背是红隼重要的识别特征

红隼悬停在低空寻找目标

红隼发现目标后的俯冲

说到这里，可能会有人想起F-16战隼（Fighting Falcon）这一款经典的战机，作为轻型多用途的第三代喷气式战斗机代表，它以轻盈的身躯和迅猛的速度为人称道。1981年6月7日，以色列空军出动14架战机，长途密集编队机动，穿越约旦、沙特阿拉伯和伊拉克，奔袭一千多公里，精准轰炸，一举摧毁了伊拉克重金打造的核反应堆，并且全身而退！创造了现代空战史上的绝对经典——"巴比伦行动"。而在这场精彩的空袭中，实施最终打击任务的正是8架F16战隼！对战斗机有兴趣的朋友可以更加深入地了解它的故事，不过小、轻、快、猛无疑是这款战机的突出特点。如此看来，大家可以理解它被称之为"Falcon"的原因了吧。

一代经典战斗机——F16战隼

关于红隼，还有一个不为人知的秘密。我们都听过"鸠占鹊巢"这个成语，考究这个成语的出处可以知道出自《诗经·召南·鹊巢》。原文写到"维鹊有巢，维鸠居之；之子于归，百两御之"，从字面上看，我们似乎看到的是宏大美满的婚嫁场面。可是文中提到的这个"鸠"究竟指的什么鸟类呢？继续探究往往就没有了下文。字面上的"鸠"字，对应的是鸠鸽科的鸟类，但是现实中它们都是些温顺甚至有些胆小的动物，敢于和喜鹊这类鸦科鸟类正面抗争，显然不太现实。回到现实的大自然，可以"勇敢"地占领鹊巢的鸟类里，红隼就是其中之一。

一只"占领"了喜鹊巢的红隼（杜松翰 摄）

红隼和很多隼形目猛禽一样，一般不会自己筑巢，每到繁殖季节，通常会选择甚至侵占喜鹊、乌鸦等鸟类的现有巢穴。这个过程当然不会一帆风顺，要知道喜鹊、乌鸦这类鸦科鸟类可是出了名的鸟界"黑社会"，面对来犯之敌甚至只是偶然路过的行者，它们都会大打出手，毫不留情。

喜鹊驱赶凤头蜂鹰

大嘴乌鸦驱赶白尾鹞（杜松翰 摄）

怎么样？不得不佩服红隼的勇气和能力了吧。当然，这么奋力的拼搏，一定会有巨大的回报。最重要的就是获得了让种群延续的机会。在北京，每年的 4～5 月，红隼夫妇"共抢爱巢"之后，就会开始交配、产卵、孵化、育雏等一系列的繁殖行为。有趣的是，在繁殖过程中，体型更大的雌隼更多的时间会留在巢内哺育雏鸟，只在受到威胁时才会出巢和雄隼一同驱赶来犯之敌。而繁重的捕食任务则几乎全部由身形相对"娇小"的雄隼全权负责，每到这个时期，它们会变得异常忙碌，不辞辛劳地不停往返于捕食地和巢穴之间，多的时候每天可以往返数十次，源源不断地为雏鸟和雌鸟带来食物！在这个方面雄红隼绝对可以称得上"模范丈夫"。

小贴士：种间竞争（interspecies competition）

种间竞争是指不同物种间因为争夺同一资源（食物、空间、水源等）而发生的竞争行为。在文中提到的红隼"鸠占鹊巢"的行为就是种间竞争的一种具体表现。在这个过程中，相对强大的一方会赢得更大的生存和繁衍机会。具体到"鸠占鹊巢"的例子，能力更强的红隼个体占得巢穴，从而获得了继续繁衍后代的机会，也就使得这种更强的竞争能力通过基因得到延续。而被占领一方的喜鹊，其个体很可能因为某种自身的缺陷或不足，丧失巢穴而无法繁殖。当然，这种情况完全可能反转过来，当某一对红隼无法占得鹊巢，那么它们同样会通过失去巢穴这种形式，至少在这一个繁殖周期内失去繁殖的可能，它们的基因也因此降低了延续的可能。物种就是在这样的竞争之中，不断地彼此选择，让适者生存。

红脚隼雄鸟（颜晓勤 摄）

◎ 4.3 万里奔袭——红脚隼

红脚隼（*Falco amurensis*）又叫阿穆尔隼，这个名字源于它的学名。一个物种的学名由两个拉丁语或拉丁化的词语组成，用斜体字记录。第一个词为这个物种所在属的名字。第二个词称作种加词，是这一物种的某个具体描述。以 *Falco amurensis* 这个学名为例，*Falco* 代表这是一种隼属的鸟类，*amurensis* 翻译过来就是阿穆尔河流域地区的。如此一来，我们就可以看懂这个学名的全部含义——一种生活在阿穆尔河流域地区的隼属鸟类。

红脚隼雄鸟（赵锷 摄）

　　提到阿穆尔河你可能会感到陌生，它是一条国际河流，流经中国、蒙古、俄罗斯和朝鲜四国，而阿穆尔河这个名字是它在俄罗斯的称呼。当这条河流入中国，它的名字我们就非常熟悉了，那就是黑龙江。说到这里，我们知道了这种猛禽的一个重要特点——它们生活在阿穆尔河流域，说得再确切一些，这一地区是这种小型隼类的重要繁殖地。红脚隼在北京也有繁殖种群，但更多的个体是以旅鸟的身份出现在北京的。前面我们说到，它们主要繁殖在北京以北的河北、内蒙古及东北地区直至蒙古及俄罗斯远东地区。在夏天，如果到内蒙古草原旅行，很容易就可以看到这种小型猛禽，它们经常会出现在草场围栏、电线上。红脚隼是一种非常漂亮的鸟类，尤其它们的雄性个体有着黑、白、红"时尚"配色的身体，与我们一般印象里猛禽"土里土气"的外表形成了鲜明的对比。配上鲜红的喙、眼圈、脚趾和精干的身材，再披上这样时尚的外套，雄性红脚隼绝对称得上猛禽界的"小鲜肉"。

红脚隼在空中取食昆虫

红脚隼头部

　　红脚隼比前一节提到的红隼还要小，体长只有30厘米，翼展也不足75厘米，主要以昆虫、鼠类为食，尤其偏爱直翅目和蜻蜓目的昆虫。咋了？"老鹰"喜欢吃虫你觉得惊讶？俗话说"苍蝇也是肉啊"，何况蚂蚱、蜻蜓要比苍蝇肉多多了，记得小时候我们还会抓来蚂蚱、蜻蜓烤着吃，那美味……好像有点扯远了，说回红脚隼的取食。虽然昆虫们看着不起眼，可是你要知道，它们可是现生动物中最大的一个类群，总物种数就有150万以上！仅仅膜翅目的小小蚂蚁总数量就多达数千万亿只，总生物量可以轻松突破百万吨级！说出来有点吓人了吧，这么多的"肉"摆在那里，而且似乎取之不尽，岂有不享用的道理。所以，在繁殖季的大草原上，我们经常可以看到红脚隼们飞来飞去抓蚂蚱的场景。秋天里，如果你去看迁飞的红脚隼，依然可以看到它们在路上抓蚂蚱补给的景象。仔细观察，会发现它们抓住猎物后并不会落下来慢慢吃，而是用脚爪抓住猎物边飞边吃，一边吃还会择下大腿、翅膀等不易消化的部分扔掉，那场面就像悠闲地嗑着瓜子，有趣极了。这个时候还是北京麻皮蝽（俗成臭大姐）大规模发生的时节，有时它们也会抓几只尝尝——香菜味儿，嘎嘣脆，一口一个真带劲儿——算了，这个味道我还是别往下想了。

虽说红脚隼是一种吃蚂蚱的小猛禽，可是你知道吗，这种体型娇小的猛禽，却有着极其强大的长途飞行能力！刚才说过，它们的繁殖地在中国的东北部、蒙古直至俄罗斯的远东地区，但它们秋天里会迁飞到哪里呢？可能会超出你的想象，这种比一听可乐重不到哪去的小鸟会飞到遥远的非洲南部越冬！这一趟单程就超过 13000 公里，而它们会在一年里往返两次，年复一年。每一年的春天里，这些不屈而坚定的勇者都会踏上漫漫迁徙路，去完成祖先千万年来与自然的约定，去完成延续生命的壮丽诗篇。

然而，这样的旅程并不会一帆风顺，甚至可以说充满了生死考验。2012 年 10 月印度的环保组织偶然发现在那加拉邦山区存在着大规模捕猎红脚隼的现象，并发起了一场旨在停止这种野蛮屠杀的保护行动。之后，美国《国家地理》在当地环保组织的帮助下，报道了这一骇人听闻的事件。调查显示，在每年秋季为期两周的疯狂杀戮中，被猎杀的红脚隼就高达 12 万 ~ 14 万只！好在有这样的环保组织在为这些美丽的鸟类奔走，印度官方也发誓要终止这种大规模的屠杀行为，并制定了针对红脚隼的迁徙保护计划……然而，想到类似于红脚隼这类的"丛林肉"依旧是那里，乃至更多欠发达地区人民蛋白质的重要来源……野生动物的保护之路真的是任重而道远。

红脚隼

小贴士：物种（species）

生物学上称呼一个物种只有一个名字，即学名，学名也被称作拉丁名，是瑞典著名的生物学家卡尔·林奈（Carl Linnaeus）在其《植物种志》（*Species Planarum*，1753）及《自然系统》（*Systema Naturae*，1758 年第十版）中确立下来，而后逐渐被科学界确认并成为了物种命名的准则被一直使用至今。而关于物种究竟是什么？这是一个古老而颇具争议的问题，说来这真不是一个小小的贴士能够说清楚的。物种的概念几乎贯穿了人类认识自然的整个历程，而且至今都没办法给出一个公认的确切定义，简单概括起来，它经历了这样几个时期。先是"长得像"就是一个物种。这个时期找到一个标准——"模式"物种就好喽，所有和这个标准一样的就是这个物种，简单直白吧。但是问题来了，随着人类活动范围越来越大，人们从远隔千山万水找来了一些"很像"的物种，可放在一起以后它们居然不能交配……那看来它们不能是一个物种。于是就有了"生殖隔离"这个判断物种的考虑方向，也就是说，如果这两个个体能成功繁殖出健康的下一代，那它们一定是一个物种，反之不是。可随着研究的深入，问题又来了，比如两个动物一个在非洲，另一个在南美，它们几生几世都不会在大自然里相遇，那么它们能不能繁殖呢？再者，侏罗纪的蟑螂到底能不能和我家的小强……

看来物种的概念不可能抛开时间和空间上的维度，于是有了这样的物种概念：物种是存在于两次种化过程（或一次种化事件和一次灭绝事件）之间的（种化事件可由衍征推断）、具有最大基因聚合力的自然种群〔基因聚合力可由基因隔离和（或）独特生态位表现〕……天啊，听到这里，你快晕掉了吧。不过我觉得说的很有道理哟。关于物种的定义与存在的意义，还有着更多有趣的话题，就留给好奇的你去继续探索吧。

◎ 4.4 迅如闪电——游隼

放眼世界，游隼（*Falco peregrinus*）恐怕是最著名的猛禽之一。说起它的速度，几乎所有对野生动物有些了解的朋友都听说过。的确，游隼是鸟类飞行速度纪录的创造者，至于它究竟能飞多快？说法不一，普遍认为时速超过 300 公里是没有疑义的。也有人更精确地测量过它们俯冲时的极限速度，据说可以高达每小时 320 ～ 350 公里。换句话说，这个速度恐怕得要"复兴号"高铁列车全速前进才能赶上！如果说隼形目猛禽以快速飞行见长，那么游隼绝对就是其中最杰出的代表！

游隼（杨杰 摄）

说了半天，游隼飞这么快干什么呢？肯定不是赶着去开会。刚才提到过的，游隼创造鸟类飞行速度纪录是在俯冲的过程中，那么俯冲做什么呢？答案你恐怕已经想到了，没错，它们是在捕猎。观看游隼捕猎，绝对是一种震撼的体验。不同于红隼悬停观察、俯冲到地面捕捉小鼠的模式，游隼喜欢伫立在突兀的高处，或者游弋空中，居高临下静静观察下方飞鸟。一旦发现目标就会急扇几下翅膀加速下降，然后收紧翅膀一个俯冲下去，继而展示其独家绝技——以超过 300 公里的时速，像一道闪电扑向猎物！别慌着叫好，精彩的还在后面。

游隼从观察点一跃而下扑向猎物

游隼头部

当游隼接近目标时，它们并不会使用尖锐的喙杀死猎物，而是会伸出脚爪并握紧"拳头"，直接击向要害。在这样一记重拳的打击下，猎物经常会凌空"炸裂"，当场毙命！我曾经在一次观鸟时有幸目睹了这一震撼的过程。那天我在一座山上看鸟，几只家鸽正在盘旋。突然间一个"箭头"冲向鸽群，凭经验我马上意识到这是一只游隼在捕猎！说时迟那时快，我还没来得及举起望远镜，这只游隼已经"一拳"砸中其中的一只鸽子！刹那间那只鸽子爆出几片羽毛，然后像断了线的风筝掉落了下来，随即游隼当空抓住失控的猎物迅速离开。此时醒过神来的我慌忙举起相机，拍下了这样的瞬间。直到我回放查看照片，才看清了这只倒霉鸽子的伤情，它已经在游隼的打击下，完全折断了脖子，甚至连脑袋都不知所踪！如果说红隼的捕食是"优雅"的猎手，那游隼的捕猎绝对是"暴力美学"的最佳诠释。还记得白居易的那一句"鹘拳蹴雁雁头垂"吗？听完游隼捕食鸽子的全部过程，你一定对这一句古诗有了更深刻的理解了吧。

在游隼的打击下，鸽子当即毙命

工欲善其事，必先利其器。为了实现这种"一击毙命"的猎杀效果，游隼不仅演化出了卓越的俯冲加速能力，而且还有一件独门兵器，这就是它们的一双"大脚"。说到这里，有必要先了解一下鸟类下肢的结构。看到一只鸟，你会不会觉得奇怪，总觉得它们"膝盖"向后弯？造成这种错觉的原因就是我们太过熟悉自己的身体，而对其他动物的身体就不那么了解了。原来鸟类在站立的时候，大腿（股骨的部分）实际上会蜷在身体的两侧，完全被腹部的羽毛遮盖，所以不太容易看到。但并不是说大腿对于鸟类不重要，你吃鸡腿的时候仔细看看就明白了，大腿的肌肉几乎是绝大多数鸟类除胸肌以外体积最大的一个肌肉群。它的重要之处可不是让咱们吃着痛快，而是在鸟类起飞时，给它们提供一个初始的速度。所以只有在它们起飞的瞬间，我们才容易看见大腿的样子。而我们经常看到的部分，则是从它们的小腿部分才开始的。所以我们误认为是膝关节的部分，实际上是它们的踝关节！这样才会给我们鸟类膝关节朝后弯的错觉。鸟类连接踝关节也就是"脚背"的部分称为跗跖（fū zhí），大多数鸟类在行走时跗跖的部分是直立的状态，真正

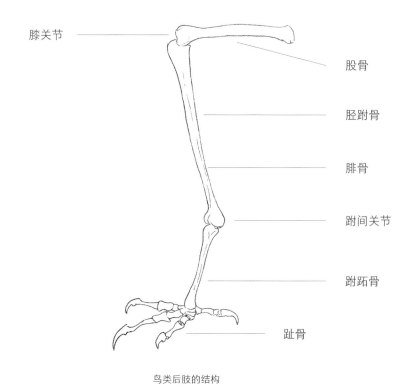

鸟类后肢的结构

站在地面上的部分只是它们的脚趾。说回游隼，如果来比较一下同属于大型隼类的猎隼，你应该可以发现游隼与众不同的大脚了吧！有了鸟类之最的俯冲速度，再加上这双美丽的大脚，成就了游隼一招制敌的独门绝技，观赏它们迅猛无比的捕猎，不得不让我对演化的神奇发出由衷的感慨。

脚趾

游隼脚趾（宋晔 摄）

脚趾

猎隼脚趾

关于游隼，有着这么多有趣的话题，但这还不是它们成为隼界明星的全部理由。游隼学名 *Falco peregrinus* 中，第一个词我们不用解释，大家已经了解，这说明游隼同样是 *Falco* 属动物，而后面的种加词 *peregrinus* 意思是流浪者。这个名字的由来，则说出了游隼另一"有个性"的特点——游隼几乎是全世界分布最广的鸟类！游隼分布在全球除南极洲以外的所有大洲，是一个有着 19 个亚种分化的大家族，仅在中国就分布着欧亚北极亚种 (*F. p. calidus*)、指名亚种 (*F. p. peregrinus*)、东方亚种 (日本亚种 *F. p. japonensis*)、南方亚种 (*F. p. peregrinator*) 和南亚亚种 (*F. p. ernesti*) 五个亚种。如此广泛的分布，以至于人们认为它们四处流浪，因此它们才有了 *peregrinus* 这个名字。当然，现在我们知道它们并不是四处游荡，而是依各自种群的不同，以留鸟、候鸟或旅鸟的身份出现在世界各地，然而这个"流浪者"的名字已经成为了它的一个特有符号。

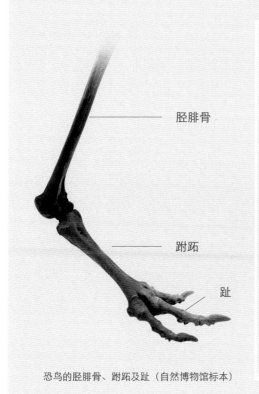

胫腓骨

跗跖

趾

恐鸟的胫腓骨、跗跖及趾（自然博物馆标本）

小贴士：跗跖

　　鸟类的足部骨骼简化和愈合非常明显。这是对降低骨骼重量、增加足部稳定性，以便满足飞行需要的一种重要的适应和演化结果，也是鸟类的一个重要特征。鸟类跗骨与跖骨愈合成单一的骨，称之为跗跖骨（左图红色部分）。跗跖骨在鸟类中显著加长，是由三块跖骨以及一部分跗骨愈合而成的。跗跖股的加长以及以趾着地，对鸟类的弹跳起飞和着陆有着十分重要的作用。

5 武林大会，高手云集——
鹰形目

◎ 5.1 鹰形目猛禽概述

鹰形目（ACCIPITRIFORMES）鸟类是一个十分庞杂的类群，如前面隼形目章节中介绍的，曾经归于隼形目的全部日行性猛禽中，如今除去隼类以外的全部鸟类，均被归入了鹰形目。在这个目里包括了美洲鹫科、鹭鹰科、鹗科、鸢亚科、鬣鹰亚科、蜂鹰亚科、须兀鹫亚科、蛇雕亚科、秃鹫亚科、角雕亚科、雕亚科、歌鹰亚科、鹞亚科、鹰亚科、齿鹰亚科、鵟亚科和海雕亚科 17 个大类共计 63 属，约 239 种猛禽。中国境内已知 26 属 56 种。在北京，可以看到其中的 17 个属约 33 种猛禽，占到了中国有记录鹰形目猛禽的近 60%。

栗鸢

灰头渔雕

鹰形目和隼形目是昼行性猛禽的两个大类，但要简单地区分这两个大类，却也实在是一件比较困难的事情。因为它们的体型有大有小，从外观特征到栖息环境、捕食对象以及行为方式等等都有着太多的不同。为了占据更多样的生态位，这些猛禽演化出了太多不一样的特征。如果实在要归纳出它们的共同点，我想除了猛禽们基本都具备"钩嘴、利爪、吃肉"的特征以外，外观上有一个普遍的特征，那就是鹰形目猛禽的翅膀通常较隼形目猛禽更加的"方"。如果说隼形目猛禽长了一双适应高速飞行的"三角形"翅膀，那么鹰形目猛禽的翅膀就显得更为多样，但普遍更类似于"长方形"。我们来看几张图感觉一下。

隼形目 红隼

隼形目 红脚隼

鹰形目 白腹海雕

鹰形目 雀鹰

大家对鹰形目"长方形"的翅形特点有一点感觉了吧，如果仔细观察，它们的翼端或多或少有几根明显凸出的羽毛，而这个特征在隼形目鸟类身上就不那么明显。这也是鹰形目猛禽的另一个外观特征，这种羽毛形态被称为"翼指"。要说明白翼指的形成，就有必要先了解一下鸟类前肢的解剖结构。鸟类的前肢骨骼为了适应飞行这一特别的行动方式，与它们四足祖先相比产生了巨大的变化。相比之下，我们的手臂就显得"平庸"了很多。如果拿鸟类和我们人类对比，前肢骨最大的不同是小臂及以下的结构，鸟类的小臂不像我们由两根可以相互绕动的长骨（尺骨和桡骨）组成，鸟类的尺、桡骨关节面只能沿收、展翅膀的方向运动，缺乏类似我们内收和外展手腕的能力，这个对于保持鸟类飞行的稳定是非常必要的。更为奇特的是，鸟类的腕骨退化，并与同样退化的掌骨高度愈合为腕掌骨，甚至指骨就剩了三根，而且非常短小。

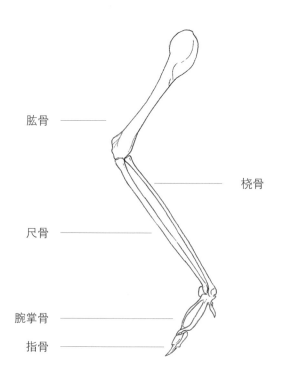

肱骨

桡骨

尺骨

腕掌骨

指骨

上肢骨骼结构

在猛禽翅膀上着生有多层羽毛，由前至后分别称为小覆羽、中覆羽、大覆羽和飞羽，在飞羽中，着生在腕掌骨及指骨上的十根称为初级飞羽。在鹰形目猛禽中，大部分种类最外侧的初级飞羽外翈具有切刻。正是这些切刻的存在，使得它们无法互相重叠覆盖，造成鹰形目猛禽"翼指"的出现。而翼指的形态、数量也会因具体的物种不同而各有差异，很多时候翼指的不同也是识别这些猛禽的一个重要特征。

高山兀鹫飞行时上扬的翼指

经过科学研究，这种翼端出现小分叉的结构，可以帮助猛禽的双翼得到更佳的气动性能，从而获得更大的升力，形成更强的飞行能力。仿生学的科学家们甚至研究出了类似的结构安装到了大型飞机上，以改善它们的飞行性能。这些结构在飞机上被叫做"翼尖小翼"。你注意到了吗？记得下次乘坐飞机时一定好好观察一下。

大型客机的翼尖小翼

飞越雪山的"大鹏"（图中为黑鸢）

　　鹰形目猛禽自古以来就为国内外很多文化所尊崇。在中国道教名著《庄子》的名篇《逍遥游》中就有这样的一段文字："北冥有鱼，其名为鲲。鲲之大，不知其几千里也。化而为鸟，其名为鹏。鹏之背，不知其几千里也；怒而飞，其翼若垂天之云。是鸟也，海运则将徙于南冥。南冥者，天池也。"这样的记载显示出"鹏"这种神鸟有着巨大的翅膀和极强的飞行能力。而现实中，它的原型很可能就是鸢或雕这类体型巨大的鹰形目猛禽。对于这种神鸟的描述，展现出古人对蔚蓝天空的无限向往以及对于高远志趣的崇敬和追求。巧的是我的名字也是"鹏"，这当然是父母对我最美好的祝福，会不会也是我与猛禽的缘分呢？

　　中国的古人崇敬猛禽，国外的很多文化亦是如此，直到现在，很多国家的国旗、国徽图案中依然有着猛禽的元素。比较熟悉的例如俄罗斯国徽图案里双头鹰形象，就明显具有鹰形目猛禽的特征。另外波兰、赞比亚等很多国家都将猛禽作为国徽或者国旗的重要元素。

赞比亚国旗

俄罗斯国徽里的"双头鹰"图案

波兰国徽

柏鹰图（元代张舜咨、雪界翁所作，现藏于北京故宫博物院）

出于类似的偏好,各国在国鸟的选择上,更是对猛禽情有独钟。在众多"老鹰"国鸟中,美国的白头海雕(*Haliaeetus leucocephalus*)最为我们所熟悉。但这种白色头尾的大雕可不是各国国鸟中最威武、最大的一种,比如玻利维亚国鸟康多兀鹫(*Vultur gryphus*)就是一种体长超过1.3米,体重超过10千克的"巨鹰"。不过,要是比在国人中的"名气",它们谁都和菲律宾国鸟没得比!怎么?没听过?哈哈,我说一句台词你就想起来了——"哎呀!我的食猴鹰大哥啊!你就是这样给我报仇的吗……"这下你想起来它的赫赫大名了吧?(好像有点暴露年龄了)没错,这就是20世纪80年代风靡全国的动画片《黑猫警长》中,"一只耳"食猴鹰大哥的原型——菲律宾雕(*Pithecophaga jefferyi*)。

玻利维亚国鸟:康多兀鹫(李强 摄)

美国国鸟:白头海雕(王昀 摄)

菲律宾国鸟：菲律宾雕（孙驰 摄）

　　好了，鹰形目大家族里有着太多太多的成员，关于鹰形目猛禽，也有太多太多有趣的话题。接下来，我们将进入北京鹰形目猛禽的世界，去看看它们的"十八般兵器"。

◎ 5.2 密林中穿梭的杀手——鹰属

　　鹰属（*Accipiter*）猛禽英文名为 true hawk，也就是"真鹰"，这是一类主要生活在森林生境的小到中型猛禽，主要捕食小型鸟类。它们普遍拥有着"宽而短"的翅膀和一条长尾巴。当然，这是对猛禽的身材比例而言的，可不要和麻雀、孔雀这类鸟相比哟。这样的翅膀和尾巴，有助于它们快速地起飞和加速，同时获得更加灵活快速转向的能力。要知道，这可是在茂密的树林间穿梭、捕捉雀鸟的必备技能。试想一下，要是以 350 公里的时速冲进树林……那结局可就悲惨了。北京生活着六种鹰属猛禽，依可见性由易至难分别为雀鹰、苍鹰、日本松雀鹰、赤腹鹰、凤头鹰和松雀鹰。

日本松雀鹰

赤腹鹰（洪董 摄）

松雀鹰雌鸟（李航 摄）

苍鹰

雀鹰

凤头鹰

◇雀鹰

雀鹰（*Accipiter nisus*）是一种广泛分布于古北界（动物地理学名词，大致范围包括欧亚大陆及北非）的小到中型林栖猛禽。

很多观鸟的人都觉得猛禽是一个辨识难度很大的类群，一眼看上去就感觉是个猛禽，但再往下分就一头雾水了。其实，这里面还是有窍门的，最重要的一个就是在每一个类群里找到一个"标准"。把这些"标准"鸟看明白、记清楚之后，看到其他猛禽只要找不同，再根据那些不同点逐一排除，最终确定就好。在欧洲或者北美洲，观鸟者就经常将那里最容易见到的普通鵟（*Buteo buteo*）或红尾鵟（*Buteo jamaicensis*）作为鹰形目猛禽识别的"标准"。而在北京看猛禽，就可以把鹰形目的这个"标准"定位在雀鹰身上。

雀鹰

说到这里，你可能会猜想"雀鹰这种猛禽在北京应该相当常见"。没错，如果说红隼是北京最常见的隼形目猛禽，那么雀鹰无疑是北京最常见的鹰形目猛禽。而且雀鹰在北京的居留类型非常丰富，全年会有不同种群的雀鹰作为旅鸟、冬候鸟和夏候鸟出现在北京。这就意味着，不同于大部分的鹰形目猛禽只会出现在春、秋的迁徙季节里，而雀鹰一年四季里我们都可以看到。就算是在迁徙季节里，它们也不会在某一时间段集中迁徙，而会三三两两结伴迁飞，从迁徙季一开始，直到结束，长达几个月的时间里都可以看到它们的身影。

　　雀鹰长着鹰科鸟类的标准身材，短宽的"六翼指"翅膀以及长而端部平直的尾巴是它们的特征所在，同时也是它们穿梭在森林、灌丛捕食小鸟的利器！我曾经有幸看到过一次雀鹰捕食麻雀的过程。那天我正在一片光线很昏暗的柏树林里散步，走着走着先是

雀鹰宽而短的翅膀以及修长的尾巴是它们捕食的利器

听到山坡下面一群灰喜鹊大声地聒噪，我马上抬起头，心里想着是有猛禽吗？大家不要奇怪，这是观鸟者的一种习惯反应，因为喜鹊、灰喜鹊这类鸦科鸟类有着很强的社会性，经常十几只、几十只聚集在一起觅食。群体觅食的时候，会有专门的"哨兵"负责警戒，一旦出现危险就会发出警报。而后整个群体就会一起大声呼叫，将警报传递给每一个成员。于是我抬起头，扫了一眼天空，可惜柏树林郁闭度很高，我啥也没看到。突然一只猛禽嗖地一下从树冠的缝隙中冲了进来，先是沿着林间的小径快速飞行了十几米，而后左突右闪轻巧地绕过密集的树林，扑向一片灌丛。还没等我转过神来，"噗"的一声那只猛禽已经伸出爪子冲进了灌丛，而那片灌丛好像被丢进了一颗手雷，从里面"炸出"十几只麻雀，尖叫着四处逃命去了。可惜灌丛实在太过茂密，我没有看清它是否成功捕猎。过了一会儿，我看到那只猛禽重新起飞，离开了树林。直到这时，我才清楚地认出这是一只雀鹰。回味整个过程，只有短短的十几秒钟而已，但绝对是精彩的特技飞行表演。

捕食灰喜鹊的雀鹰（何坚 摄）

喷火式战斗机（Spitfire）

看着雀鹰灵巧高速地飞行，不由得让我想起第二次世界大战期间英国的传奇战斗机喷火式战斗机（Supermarine Spitfire）。看到这样一架飞机，你会不会也和我一样，感觉它和雀鹰有几分神似呢？喷火式战斗机有着宽短而圆润的两翼、修长的机尾，再配上一台马力强劲的 Merlin63 发动机。相似的外形，带给这款战机和雀鹰相似的高速机动性能。另一款我们更为熟悉的二战名机，干脆直接把名字叫成"战鹰"（War hawk）。这就是抗日战争时期著名的中国空军美国志愿援华航空队，也就是那赫赫有名"飞虎队"的战机 P-40C。听我介绍了雀鹰的故事，你就不难理解人们为什么给这些战斗机起个"鹰名"了吧。

战鹰战斗机（P-40C War hawk）

如果我们近距离观察雀鹰，还会发现一个有趣的现象，这就是它们的第三趾较其他两个向前的脚趾要长很多。这根超长的脚趾，也是它们捕捉小型雀鸟或者其他小动物的"专用工具"。当雀鹰扑进灌丛，猎物没有及时飞走时，很可能会躲进枝枝权权构建的"防御工事"以求自保。在这种情况下，雀鹰就会尽力将脚伸进灌丛，利用自己超长的脚爪把小鸟"抠"出来。到了这种时候"一寸长一寸强"这句兵家名言，就会在它们的脚趾上生动地演绎出来。久而久之，"演化"这支神奇的画笔，就把这样一副模样留给了如今的雀鹰。

雀鹰超长的第三趾

小贴士：居留类型（residence type）

　　居留类型是指针对于某一个特定的地区，某种动物出现在那里的情形的一种描述。一般来说，鸟类的居留类型会分为留鸟、夏候鸟、冬候鸟、旅鸟、迷鸟和漂鸟六类。具体来说，留鸟就是指终年生活在这里，并不随季节的交替而迁徙的鸟类。夏候鸟是那些夏季里来到这里繁衍，而后离开的鸟类。冬候鸟是指那些只是冬季里才生活在这里越冬的鸟类。旅鸟是指只有在迁徙季节里才会周期性出现的鸟类。迷鸟则是那些自然条件下，通常不会出现在某地，因为某些异常情况偶然间在这里出现的鸟类。漂鸟（也成为漫游鸟）是一种看似无规律的活动方式，这些鸟类总是在四处游荡，居无定所。此外，关于鸟类的居留类型，还有一种特殊的情况，即它们是因为人类的行为，而被异常带到某个它们并不自然分布的地区，在那里它们就被称为"逃逸鸟"。

北京夏候鸟——夜鹭　　　　　北京迷鸟——丑鸭　　　　　北京留鸟——红嘴蓝鹊

北京冬候鸟——灰鹤　　　　　北京旅鸟——红嘴鸥

苍鹰

◇苍鹰

"老夫聊发少年狂，左牵黄，右擎苍，锦帽貂裘，千骑卷平冈。为报倾城随太守，亲射虎，看孙郎。酒酣胸胆尚开张，鬓微霜，又何妨！持节云中，何日遣冯唐？会挽雕弓如满月，西北望，射天狼。"

也许你对于苍鹰（*Accipiter gentilis*）这种猛禽并不熟悉，但这篇出自宋代大文豪苏轼的《江城子·密州出猎》你一定听说过。这首词展现了一幅倾城出猎的盛况。文中提到"左牵黄，右擎苍"，这个"苍"指的就是苍鹰。

苍鹰是一种广布在全北界（整个欧洲、北回归线以北的非洲和阿拉伯、喜马拉雅山脉和秦岭以北的亚洲，以及格陵兰、加拿大、美国、墨西哥高地、中美洲及部分加勒比海群岛）的中型猛禽，也是中国鹰属猛禽中体型最大的一个物种。成年的雌性苍鹰翼展可以达到 120 厘米以上，体重超过 1 千克。它们拥有同其他鹰属猛禽类似的高超机动飞行能力，可以轻松地穿梭于林地灌丛之中捕捉飞鸟。同时，由于更加强壮的身体，使苍鹰拥有着更强的猎捕能力，可以捕捉诸如鼠类以及野兔等中小型哺乳动物。相对于鹰属其他猛禽小巧灵活的整体形象，苍鹰平添了更多威猛之气。仔细观察苍鹰的"脸"，突出的"眉骨"配上粗重的"眉毛"，再加上一双如炬的大眼睛，用浓眉大眼、英气十足的"贵族"来形容苍鹰绝不为过。其实，苍鹰学名中的种加词 *gentilis* 就有"高贵的"之意。可见，苍鹰这样一个"鹰中贵族"的完美形象，古今中外一直被世人褒奖有加。这也就不难理解，为什么很多知名品牌会选择老鹰这个图案作为自己商标的主要元素。这里不乏豪华汽车品牌、著名的奢侈品品牌、知名户外运动品牌等等。

其中一个很有趣的例子是奥地利的一家著名望远镜生产商，他们直接选择了苍鹰的形象作为产品的品牌标识（logo）。他们的一款经典系列产品更是直接以"Habicht"（望远镜发烧友们昵称的"海白菜"）来命名，而这个德语词的含义正是"苍鹰"。更有趣的是，在这家企业西南大约 40 公里，有一座著名的山峰也叫做"Habicht"。而这座山峰曾一度被人们认为是这家企业所在的 TYROL 省的最高峰。巍峨的山峰超越了人类的视觉局限，而翱翔在山间的苍鹰则代表了延绵的生命力。这样一语双关的一个词，实在是他们再理想不过的品牌代言。

苍鹰远去的背影

在北京生活的鹰形目猛禽中，鹰属是物种最多的一个属，有六个之多。出现在北京的大部分苍鹰个体属于迁徙旅鸟，只有少数个体在北京繁殖。由于类似的生活环境和习性，以及相对接近的亲缘关系，苍鹰与这些同为鹰属猛禽的"兄弟姐妹"们之间或多或少会比较相像，会给观鸟爱好者在辨识上带来一定的困扰。特别是成年的苍鹰和雀鹰体型和羽色相近，有时候确实很难准确地判断它们的真实"身份"。

大家来体会一下：这两张图中左边是雀鹰，右边是苍鹰，你能找出它们之间的区别进而分辨出它们吗？

总体上来说，苍鹰的体型更加强壮，身体的比例更加匀称，头尾比例相对协调，而且尾部中间凸出成旱弧形。相比之下，雀鹰比较"瘦弱"，头部显得很短而与之对应的尾部很长，而且端部平直。怎么样，我这么一说是不是有点感觉了呢？然而，如果我告诉你这两张照片里的两只，还远不是它们之间长得最像的，你会不会抓狂呢？没关系，本书不是辨识图鉴，辨识不是咱们的重点，大家不必纠结。不过，说到苍鹰的辨识，这里也有一个好消息，那就是苍鹰的亚成鸟非常容易辨认，而且特征非常容易记忆。我们先来看一下它们的样子。

苍鹰亚成鸟　　　　　　　　　　　　苍鹰亚成鸟（李航 摄）

　　苍鹰亚成鸟腹部底色暗黄，并且布满棕色的纵纹（与身体长轴同向），这个特征是其他鹰属猛禽所不具备的。而且这个阶段的苍鹰还有一个俗名——黄鹰。

　　记住了这些特征，就可以一眼认出它们。

　　鸟类的羽毛是皮肤角质化的特殊形态，与爬行动物的鳞片是同源的组织。在生长的各个阶段都会进行更换，以满足其生理及生活的需求。苍鹰和其他很多猛禽一样，在幼鸟和亚成鸟阶段羽色都与成年时有着显著的区别。当然，苍鹰亚成鸟的羽色并不会掩盖其凶猛的习性。在这个阶段，亲鸟会给这些年轻的猎手传授高超的捕猎技巧，以便其独立后可以面对生存的艰难，成为一个名副其实的"丛林杀手"，让苍鹰的家族得以延续。

　　然而，也正是因为苍鹰突出的捕猎能力和高贵的英武气质，使它们很早以前就被人们训练用于鹰猎活动。苏轼的《江城子·密州出猎》中描绘的就是这样一个盛大的场面。但随着时间的流转，鹰猎早已经不是现代人生产、生活的必需。在中国，所有的隼形目及鹰形目猛禽均列为国家Ⅰ级或Ⅱ级重点保护的野生动物，私自驯养不仅仅是违背生态文明的不道德行为，更是违法行为。

小贴士：换羽 (moult)

换羽是指鸟类羽毛的定期更换，是鸟类的一个非常重要的生物学现象。换羽的目的在于为鸟类保持完好的的羽饰，以适应飞翔生活的需要，并能应付诸如迁徙、求偶炫耀、育雏等活动对羽毛的损失。

比如前文中介绍的苍鹰幼鸟及亚成鸟阶段的"暗黄底色配有褐色纵纹"胸腹部羽色，就是它们在成长过程中换羽造成的一个特殊的阶段。待到成年以后，苍鹰会换上浅灰褐色横纹的羽毛，样子将会发生巨大的变化。苍鹰成年以后，它们还会继续换羽，只是颜色和纹路差别不会像幼年到成年这个差别显著。

说到换羽，我们还必须提一下一类更加有趣的换羽现象——被称为婚羽（或称繁殖羽、替换羽等）的换羽现象。有一部分鸟类，在其繁殖季节里，会换上非常显著甚至夸张的"繁殖羽"，这些羽毛或者颜色非常艳丽或者形态异常夸张，有的类群甚至兼而有之。我们先来看几张照片。

红嘴鸥的繁殖羽

红嘴鸥的非繁殖羽

环颈雉（雄）的非繁殖羽

环颈雉（雄）的繁殖羽

在雉类、雁鸭类、鸥类、䴙䴘类和鹭类等很多类群的鸟类中，都有着很明显的婚羽现象。在它们当中，有些类群（比如雉类）会采用"一夫多妻"制的婚配形式，雄鸟通过展示其夸张的尾羽以及鲜艳的羽色来进行争斗，胜利的一方可以得到更多的交配权利，产下更多属于自己的后代。而其他类群，很多会和多数猛禽一样采取"单配制"的婚配制度，当然也会通过艳丽的羽色或者夸张的羽毛状态展示出自己的魅力以及健康状态，也都是在向配偶传达出"我很健康，可以确保将优良的基因延续下去"的信息。

◎ 5.3 苇塘上空的精灵——鹞属

鹞属 (*Circus*) 猛禽，是一类中等体型的猛禽，主要栖息于湿地环境，偏好地面营巢，主要捕食鼠类以及小到中型鸟类。鹞属猛禽普遍翅膀狭长，飞行气质飘逸，飞行时两翼经常呈浅 "V" 字形向上翘起。与鹰属猛禽类似的是，它们同样有着比较长的尾羽。但它们也有着一些与其他鹰形目甚至是鹰、隼两类猛禽都显著不同的地方。首先，鹞属猛禽的面部轮廓与众不同，它们的头面部外观扁平，不像其他鹰、隼般突出和 "有棱有角"，倒是有点像鸮形目猛禽的那一张 "猫脸"。再者就是鹞属猛禽普遍存在着明显的 "性二型" 现象，也就是它们的雌雄鸟外形，特别是羽色上会非常不一样。雄鸟普遍具有较为单纯的颜色，而雌鸟羽色则较为斑驳。在北京，我们经常能看到的鹞属猛禽有三种，它们分别是白尾鹞、白腹鹞和鹊鹞。鹞是一类很有特色的猛禽，前面提到的这些外形上的特点都和它们捕食及生活方式相适应，下文中会有详细的说明。

鹊鹞雄鸟（杜松翰 摄）

鹞属猛禽的英文名称作 harrier，如果你也是一个军迷，看到这个单词应该不会陌生。鹞式战斗机（Harrier Jet）是英国霍克飞机公司研发的一款非常特别的战机。这是世界上第一种实用型垂直／短距起落飞机，它们不仅可以在较小的机场甚至是舰艇平台上垂直起降，飞行当中还可以实现空中突然减速或急转弯，达到了其他喷气式飞机难以企及的机动能力。而这些看似超高难度的飞行动作，

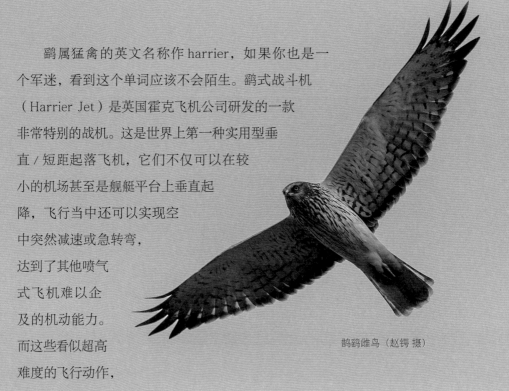

鹊鹞雌鸟（赵锷 摄）

正是鹞属猛禽的标准操作。我想也是因为这样的原因，这一型战机才会以"鹞"命名。

要想真的像鹞一样飞行，远不是起个名字这么简单。为了达到这些飞行能力，鹞式机身前后有 4 个可旋转 0°～98.5° 的喷气口，提供垂直起落、过渡飞行和常规飞行所需的动升力和推力，机翼翼尖、机尾和机头还布置有喷气反作用喷嘴，用于控制飞机的姿态和改善失速性能。也正是因为配置了如此复杂的动力和飞控系统等原因，让鹞式飞机变得难于控制和维护，故障率居高不下。这也使得它成为毁誉参半的一型战机，甚至一度背负了"寡妇制造机"的恶名……然而，回到大自然里，真正的鹞属猛禽实现这一切却显得那样轻松惬意，这不得不让我们再次感慨造物的神奇。接下来，就请和我一起，去了解神奇的鹞属猛禽吧。

Harrier Jet 鹞式战斗机（张晖 绘）

◇白尾鹞

　　白尾鹞（*Circus cyaneus*）又叫灰鹞，其学名中的种加词 *cyaneus* 意思就是灰蓝色，但白尾鹞其实并不都是灰色的。之前提到过，鹞属猛禽大多雌、雄鸟长得并不一样，只有雄性白尾鹞是"灰鹞"，而雌鹞的羽色中没有一点灰的感觉。倒是"白尾鹞"这个中文名字中说出了雌鹞的一个重要特征——白尾。更确切地说应该是它们的尾上覆羽，也就是尾羽前面的"腰"部是白色的。我们来看看它们的样子。

白尾鹞雄鸟（焦庆利 摄）

白尾鹞在北京多为旅鸟，有少量夏候鸟及冬候鸟。春、秋两个迁徙季里，可以看到它们匆匆的身影。在延庆的野鸭湖湿地，或者城郊面积较大的湿地里，常能见到它们飘逸的身影。几年前的一个夏天，我在离家不远的一处湿地观鸟，看着看着从苇丛之中"飘"出来一只大鸟。我举起望远镜看过去，原来是

苇塘上空徘徊觅食的白尾鹞

一只雌性的白尾鹞，它正在距离我50多米外的苇塘上空"飘荡"。这只白尾鹞飞得很低，还忽上忽下地飘着，也就七八米高。说它是在晃悠绝不为过，一幅悠闲散漫的状态。突然，它猛地上扬了一下身体，展开一侧的翅膀，一个转身在空中骤然"停止"，长长的尾羽像一个巨大的舵一样瞬间展开，猛地伸开爪子扎向地面，消失在高草之中……我被眼前的场景震住了，半天才缓过神来，原来它是在捕食。仔细回味刚才的一幕，这简直就是普拉乔夫眼镜蛇机动连横滚俯冲啊！想一想，这样一个动作如果真由飞机来做，估计早就失速坠毁了。可看看白尾鹞这一连串动作下来却是如此的轻松！我想，也许这就是"鹞子大翻身"这个动作名字的由来吧。

上演"鹞子大翻身"的瞬间

白尾鹞头部

白尾鹞雌鸟（宋晔 摄）

迎角减少

迎角增加

上反角布局翼的优势

回忆白尾鹞的飞行动作，还有一个有趣的细节，这就是它们在"飘荡"时，双翼往往会轻微上扬成"V"字形，这是为什么呢？这种"V"字形被称为上反角布局。我们用这样一张图来说明它的功能：假设碰到右阵风飞机往左倾，左翼往下掉，于是左翼的相对气流除了一般从前缘往后缘流的向量以外，还碰到一个从下往上的向量，结果就是相当于左边机翼攻角增大、升力增大，右边刚好相反升力减小，于是产生修正力矩，摆正失衡的姿态。这样一解释，就不难理解白尾鹞在苇塘中觅食时，为什么采用这个姿势飞行了吧。原来，它们是想在较慢的飞行速度下，这样的布局可以比较容易地保持飞行姿态的稳定。

那么，在猛禽世界里，有没有相反的例子呢？答案是肯定的。与鹞属猛禽的上反角布局相对应，"〤"被称为下反角布局，作用也刚好相反，采用下反角可以降低飞行的稳定性，提高机动性，具体说更有利于做滚转动作。比如这种叫凤头鹰的中型猛禽，它们主要生活在亚热带常绿阔叶林、亚热带季雨林中，捕食小鸟、树蜥这类动物。大家可以想象一下，在抓捕时，如果能轻松地侧身滚转，闪躲茂密的树枝，就可以给它的抓捕带来很好处，而凤头鹰就可以掌握下反角鼓翼飞行这一高难度动作。要知道，采用这样的两翼布局，在提高了机动灵敏度的同时，相比于上反角方式，需要更加复杂的飞行控制技巧，才可以保证姿态受控。有时候凤头鹰甚至会在繁殖期，特意做出这种高难度的飞行动作，彰显飞行（捕食）能力，以吸引异性的青睐。

凤头鹰的两翼呈下反角布局（李航 摄）

白尾鹞雌鸟（赵锷 摄）

白尾鹞雄鸟（赵锷 摄）

从白尾鹞捕食的故事里，我们能够看出这样几个特点。它们在苇塘里捕猎；寻找猎物时飞得很低、速度很慢；一旦发现猎物就突然"坠落"下去抓住猎物。然而，它们是怎么发现猎物的呢？原来，虽然白尾鹞和其他猛禽一样，也同样具有出众的视觉。但是，要在密集的苇丛中找到藏匿其中的猎物依然不是件容易的事情。在这种情况下，它们的另一件"法宝"就会突显出重要的作用。这就是它们的"面盘"，原来这样一个比较扁平的面部结构有助于将地面的声音反射到白尾鹞的耳朵里。这样一来，它们低飞时就可以通过声音来发现猎物活动的迹象，再加上它们视力和高超的飞行技巧，这就如虎添翼般可以大大增加白尾鹞捕猎的成功率。

白尾鹞较为扁平的面部（杨杰 摄）

◇白腹鹞

白腹鹞学名 *Circus spilonotus* 中的种加词 *spilonotus* 意思是"背部具有斑点的"。不过这个所谓的特征并不能代表所有的白腹鹞，只有一部分色型的雄性白腹鹞才具有这个特征。巧的是，中文名中"白腹"这个特征，对应的也是雄性白腹鹞。我们先来看看它们的样子。

白腹鹞头部

白腹鹞大陆型雄成鸟（贾云国 摄）

上一页图中的那只鹞的确看上去有着"白腹"和"背部有斑点"这两个特征。然而以"白腹"为这种鹞属猛禽命名，在我看来也着实是无奈的选择。首先，它们的雌鸟和亚成鸟可不怎么"白腹"，我们一起来看看。

白腹鹞亚成鸟（颜晓勤 摄）

白腹鹞大陆型雌成鸟

怎么样？这几只白腹鹞不太"白腹"吧？说这个名字牵强还有一个原因，除了白腹鹞以外，白尾鹞、鹊鹞、草原鹞等一大堆鹞属猛禽的雄鸟，腹部或多或少都有着白色的特征。这么说来，是不是你也觉得这个名字有点牵强了呢？与其他鹞属猛禽不同，白腹鹞有着许多不同的"色型"，为了加以区分，一些资料中将它们称为"中国大陆型"和"日本型"等，这样的称呼并不意味着它们只生活在这些区域，它们的生活空间很可能是重叠的，不同色型个体之间更没有绝对生殖隔离的证据。换句话说，它们之间完全有能力产下正常的后代。

与其他很多鹞属猛禽一样，白腹鹞也呈现出明显的雌雄异型的特征。雌鹞和雄鹞羽色很不一样，同时它们的幼鸟及亚成鸟也与成鸟存在着很大的不同。雌鹞或者幼鹞的腹部经常有棕色的纵纹或者深色的底色。这种情况也许是它们对于地面营巢、雌鸟更多参与孵化以及幼鸟哺育工作的一种适应。因为雌鸟和幼鸟、亚成鸟在较长时间待在地面巢中，比较容易受到天敌的攻击，而穿着这样一身"仿生迷彩"就可以一定程度上将它们隐藏起来，从而免受袭击。

白尾鹞亚成鸟很好地将自己隐藏在苇丛中（杜松翰 摄）

不同种鹞属雌鸟和亚成鸟有时非常相似，加之像白腹鹞本身就存在不同的色型，这都使得鹞属猛禽尤其是其雌鸟和亚成鸟在猛禽辨识中处于高难度的类群，让不少鸟友头痛不已。

　　鸟友的头到底有多疼呢？这里我就带领大家从一个观鸟者的视角来试着感受一下。首先需要说明的是，观鸟者在野外看到它们的绝大多数时间里不会像本书里图片那个样子。简单说那是相当的"远、暗、偏"，距离、光线、角度等都不能因为观鸟者的意愿来改变，应该说鸟是"爱咋飞就咋飞"，你是"爱看不看"，所以，当观鸟者看到这些猛禽时，经常是这个样子的———→

白尾鹞雌鸟

白腹鹞雄鸟

鹊鹞雌鸟

白腹鹞亚成雄鸟

怎么样？有没有让你也感到很头痛呢？也许你会问："它们长得这么像怎么分辨呢？""这么模糊的照片怎么来识别呢？"在野外，作为一个观鸟爱好者，经常需要面对这样的情形进行分析并最终作出准确的判断。那怎么做到的呢？首先，我们会在大脑里建立一个基准的坐标系，用来判断猛禽的大小。这里并不是要精确到毫米，可以用一些比较模糊的方式进行，比如"这是一只比喜鹊大的猛禽"。这么做的目的在于能够通过第一感觉，基本确定在不同距离上看到的猛禽大小，为后面的辨识打下基础。

被喜鹊围殴的白尾鹞（注意两种鸟的大小比例）

确定了大致的体型之后，我们会根据不同大类猛禽的一些基本特征将看到的猛禽尽量确定到属。也就是先判断它们是哪一大类的猛禽，是鹰？还是鵟？或者是鸢？等等。最后，使用头脑中的那个属里最熟悉的那一个物种为样本，比较看到的猛禽，通过寻找相同点和不同点，最终用排除法达到辨识的目的。我说来简单，但实际上操作起来需要大量的练习。经常有朋友问我怎么才能辨识好猛禽，我的回答通常会是——"多看、多问、多想，认真辨识1000只，看个一年半载的就会有很大的提高。"有兴趣吗？你也可以来试试。

小贴士：生殖隔离（reproductively isolation）

在主要以有性繁殖方式繁殖后代的生物中（如绝大部分鸟类及全部的哺乳动物），不同物种（及其种群）之间不能相互交换配子或基因，只有在种群内部不同个体（雌雄个体）之间才能正常交配繁殖，即它们各自的基因库是独立的，也可以说它们在生殖上是隔离的。生殖隔离在具体的机制上，又可以分为地理隔离、生境隔离、季节或时间隔离、行为隔离、机械隔离、配子隔离、杂种不育、子二代（F_2）崩溃等不同的机制。简单地说，不同的物种之间或者因为种种原因不可能交配，或者交配后产下的后代不育，再或者是后代的后代不能正常生存。总之，生殖隔离的存在，会造成大多数有性繁殖的不同物种间无法杂交、正常繁殖。一段时间里，生殖隔离的存在成了判断不同物种的一个重要依据，但随着物种概念的发展，也发现了这一判断依据的种种局限性。目前关于物种的定义，已经有了更加综合和科学的描述。有兴趣的读者可以查阅本书P53关于物种的小贴士。

◎ 5.4 横行草原的豪强——鵟属

鵟属猛禽是一类中偏大型的猛禽，身材壮硕，尾短、两翼宽大。北京的鵟属猛禽有普通鵟、大鵟和毛脚鵟三个物种。

鵟属猛禽多筑巢繁殖于林地，但也会在草原、荒地或农田捕食，捕猎对象主要为鼠类、野兔，也包括鸟类、两爬动物等。鵟属猛禽外形和羽色相似度很高，野外识别难度不小。就连观鸟经验丰富的鸟友，也可能会发生"指鹿为马"的情况。这一属的猛禽多是北京的旅鸟，数量大，尤其是普通鵟，在迁徙季节里，可以占到迁飞猛禽总数量的1/5以上。

普通鵟

大鵟

毛脚鵟（宋晔 摄）

◇普通鵟

在之前聊到红隼的章节里我们曾经拿普通鵟（*Buteo buteo*）同学打趣过，说它实在太过"普通"。真不是我"不重视"这位，实在是这么多"普通"的名字……就算不提"普通鵟"和"Common Buzzard"这两个俗名，我们来认真看看它的学名——*Buteo buteo*。不难看出，这是两个同样的词组成的学名，翻译过来就是"鵟样子的鵟"。明白了吧，都成业界标准了，还有比你更普通的吗？好了，不挤兑它的名字了，普通鵟同学要哭了。我们来看看它的样子吧。

其实普通鵟的外形还是挺威武的。长而宽的翅膀，配着粗壮的躯干，相比于前面介绍的两种鹰形目猛禽，算是一位壮汉了。普通鵟的体长大约 50 ~ 60 厘米，翼展接近 1.4 米，体重可以达到 1.2 千克左右。和其他鵟属猛禽类似，普通鵟的翅膀上具有明显的"腕斑"这一该属猛禽重要识别特征，就是在它们的腕部有两个很大的深色斑块。这两处腕斑和翼下整体的浅色背景对比明显，即使在很远的距离，也可以帮助我们识别它们。

"腕斑"是鵟属猛禽的重要识别特征

普通鵟头部

迁飞中的普通鵟

普通𫚉喜欢在林地或林缘的高大树木上筑巢，每年的 5 ~ 7 月间，它们会在中国东北、俄罗斯远东地区、朝鲜半岛和日本等地区繁殖后代，秋天里再返回中国的南部及东南亚地区越冬。值得一提的是，普通𫚉和红隼、红脚隼类似，也是一种掌握着悬停观察、捕猎技术的御风高手。我们透过这样一组照片，来感受一下普通𫚉悬停——俯冲捕猎的情形。一旦锁定目标，它们会向后收起初级飞羽转身飞向猎物，接下来它们会完全收紧次级飞羽，将翼身融合为一体，最大程度地加速俯冲。最后在接近猎物时它们会使用小翼羽微调方向，确保"末段制导精度"完成致命的一击。虽然，普通𫚉的俯冲不像隼类那样极速，但你要知道，这可是一位体重超过红隼三倍以上的胖子。要完成这一系列飘逸、潇洒而迅猛的捕猎动作，普通𫚉绝对要称得上是"灵活的胖子"了！

当然，要想成功捕猎，甚至是当个独霸一方的豪强，光有个好身板是不够的。就拿普通𫚉同学来说，要是悬在半空却没个好眼神，两眼一抹黑恐怕再高超的飞行本领也是白费。不过普通𫚉显然不会是个"二五眼"，它们有着非常出色的视力。其实，鹰形目以及隼形目猛禽

普通𫚉从悬停到俯冲的过程

普通𫚉悬停

的视力大都很好。也正是依赖着这样一双明亮的双眼，才使得它们成了动物世界里的顶级杀手。这样出众的视力和它们的眼睛结构有着密不可分的联系，这里我们就用一点时间来了解一下它们眼睛的奥秘。

在白天，鹰隼的视力比我们要强大很多。这是因为它们的眼球体积巨大，大到什么程度呢？如果按照眼球和脑袋的比例，把鹰隼的眼睛放到我们的头上，那基本上要有橙子那么大，再形象点的话——比"光头强"的眼睛再大两圈吧。要把这么大的眼睛固定在眼眶里似乎不那么容易，就好像我老觉得"光头强"的眼睛能从脸上掉下来一样。而鹰隼怎么做到的呢？首先它们的眼球并不像我们一样是球体，而是一个近梨形的复杂结构，在一个相对较小的角膜之后，是巨大的晶状体和更大面积的视网膜。这样一个结构可以更"容易"地镶嵌这双巨大的眼睛，而且在它们的头骨内部，眼球的前面还覆盖着一圈片状骨骼，称之为巩骨膜，用于固定和保护这样巨大的晶状体。拥有这样规模的晶状体，就使猛禽的眼睛获得了超级变焦的能力，可以在瞬间进行广角到超长焦的变焦操作。例如普通鵟，可以快速识别和定位数公里外的猎物。同时，大面积的视网膜意味着可以分布更多的视觉细胞，有研究表明鹰形目猛禽的视觉细胞数量可以达到人类的四倍以上，这就使它们的视觉分辨率又提高了很多。高到什么程度呢？说得形象一点，这就好像一个人拿了一把缝衣针，你站在百米之外瞄了一眼，然后告诉他"你手里从右数第三根针生锈了啊……"怎么样？这你就能理解鹰隼能够快速识别和定位目标的原因了吧。

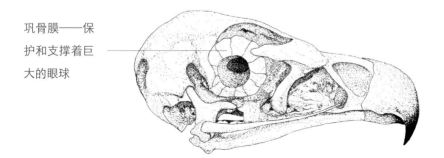

巩骨膜——保护和支撑着巨大的眼球

鹰形目鸟类头骨

白腹海雕

◎ 5.5 称霸湖畔的金刚——海雕属

海雕属（*Haliaeetus*）猛禽多为大型到巨型鸟类，翼展经常可以轻松超过两米，体重可以达到 3 ~ 4 千克。本属现生动物中，全世界范围内共有八个物种，其中最著名的当数白头海雕（*Haliaeetus leucocephalus*）了。这不仅仅是因为这种雄壮的猛禽是美国的国鸟，同时还因为这个物种成就了一段人类全力拯救濒危物种的伟大行动。早在 1782 年，美国就将白头海雕定为国鸟。但在近代，这种广受美国人民喜爱的猛禽就在众目睽睽之下一步步逼近灭亡。据统计，到 20 世纪 60 年代，美国的白头海雕数量已经从早年的超过 5 万对，锐减到不足 500 对，成为了极度濒危的物种。经过调查，发现二战后被广泛使用的 DDT 杀虫剂成了造成这一生态灾难的重要杀手。DDT 污染的水域造成了鱼类大量中毒，而嗜食鱼类的食性偏好，又使更大浓度的有毒物质富集在白头海雕体内。有毒物质大大影响了海雕的繁殖成功率，加之生存环境不断受到人类发展的挤压，最终造成了白头海雕这一原本广泛分布在北美洲的猛禽，种群数量大幅度衰减。好在有识之士及时找出了问题的原因，制定了包括禁用 DDT 类农药、禁止买卖、保护自然栖息地、科

虎头海雕（韩笑 摄）

白尾海雕（宋晔 摄）

学地人工繁育和放归等一系列有效的措施。而这些措施也得到了美国政府和人民的理解和大力支持。经过四十多年的不懈努力，白头海雕终于摘掉了濒危的"帽子"，种群数量得到了很大的恢复。白头海雕的兴衰就像一面镜子，折射出人类现代化发展与自然环境的矛盾与冲突，调和与共荣，值得我们每一个人深思。

　　说了半天美国的国鸟，我们回过头来看一看国内的情况。在中国共分布着白腹海雕（*Haliaeetus leucogaster*）、白尾海雕（*Haliaeetus albicilla*）、玉带海雕（*Haliaeetus leucoryphus*）和虎头海雕（*Haliaeetus pelagicus*）四种，除白腹海雕属于国家Ⅱ级重点保护野生动物外，其余三种都列为国家Ⅰ级重点保护野生动物，数量稀少，非常罕见。在北京，本属猛禽就更加难得一见。20世纪60至80年代，国内的鸟类学家开展的鸟类科学调查中，仅在北京房山的琉璃河流域记录到一只白尾海雕。但近年来，随着鸟类研究和调查的深入，同时也得益于民间观鸟爱好者的增加和鸟类辨识能力的提高，又在北京记录到玉带海雕、虎头海雕这两种更加稀有的猛禽。也就是说，在北京理论上可以看到国内75%的海雕属物种！这不得不再一次感慨北京的确是猛禽观察的神奇之地。

玉带海雕（孙驰 摄）

玉带海雕幼鸟（孙驰 摄）

◇白尾海雕

在北京可以见到的三种海雕中，白尾海雕（*Haliaeetus albicilla*）是相对最容易见到的一种。隆冬季节里，在北京白河等一些终年不冻结的河段或比较开阔的水域，如果你有足够的耐心，再加上那么一点点运气，就有可能看到在北京越冬的白尾海雕。

白尾海雕（韩笑 摄）

白尾海雕的英文名叫 White-tailed Sea Eagle，而学名中种加词 *albicilla* 也是 *albus*（白色的）和 *cilla*（尾的）组合。可以看出，这一系列名字似乎都指向了这种猛禽的同一个特征，那就是白色的尾巴。可是，要知道这白色的尾巴还真不是白尾海雕的独有，不仅中国分布的其他三种海雕尾部也都以白色为主基调，就连世界范围内其他四种海雕也都有着这个特征。也就是说白色的尾部其实是海雕属猛禽的一个共同特征。海雕属猛禽通常还会有两个有别于其他鹰形目猛禽的特征。一个是它们的尾羽按照身长的比例通常比较短，而且经常呈楔形，也就是越靠近中央的尾羽越长，整体看上去像一个楔子；另一个就是它们的喙经常看上去比较大，甚至大到不成比例，就好像一只猫的身子上长了一个老虎的脑袋。这个比喻或许还不够形象。我们来看一张虎头海雕的头部特写。你的感觉是什么样的？反正我看到虎头海雕这张大嘴的时候，总感觉这家伙命中注定就是个喜剧演员，长的根本就是个"假嘴"，是故意扮成这么个卡通形象来给大家带来欢乐的。

虎头海雕（韩笑 摄）

玩笑归玩笑，海雕属的这些身体特征一定会给它们的生存带来益处。那为什么它们要"装备"这些特殊的"设备"呢？首先，如前文介绍的，海雕属猛禽是一类大到巨型的鸟类，从幼鸟到成鸟会经历5年甚至更长的时间，其寿命可以达到20年以上。

　　在漫长的成长过程中，它们会大量地捕食其他动物。它们的食量惊人，成年的白尾海雕一顿就可以吃下重达1.5千克的鱼。这就相当于一个成年人，一餐就要吃下30千克的肉类。从"海雕"这个名字不难看出它们生活的环境，这些大型猛禽通常生活在海岸或开阔的水域，主要捕食鱼类、水鸟及其他小型哺乳动物。其中较大的鱼类是它们偏爱的食物，在捕捉猎物时，它们采用的方式与前文中介绍的鹰、鸳等猛禽不同，海雕并不需要做出高难度的机动特技飞行，通常是沿水面低空直线飞行，看到浅层水域里的鱼类就会伸出底部带有沟槽的脚爪，直接从水中抓起鱼类飞走。然后在陆地、冰面的位置使用这张巨大的嘴快速杀死猎物大快朵颐。这样一来，你就应该明白它们为什么不需要一条可以当作大型方向舵的尾巴，而是更需要一张超大的嘴巴了吧。

抓鱼瞬间的白尾海雕（韩笑 摄）

白尾海雕（宋晔 摄）

白尾海雕亚成鸟（肖怀民 摄）

就算是相对容易见到的白尾海雕，在北京也属于少见的冬候鸟或旅鸟，是观鸟爱好者眼中的"高光"鸟种。造成这样的现象，当然有它们种群数量相对稀少的原因，同时也有着与人类高度相关的原因。有研究表明，白尾海雕是一种非常"羞涩"的野生动物，它们偏爱人烟稀少、幽静的地方。特别在繁殖阶段，即使人类较远距离的干扰（相对于其他猛禽），都有可能造成白尾海雕的繁殖失败。随着人们生产生活的发展，对野生动物生存空间的挤压现象也会越来越突出。以北京冬天河道周围生活的白尾海雕为例，之所以这几只海雕可以在每年的冬季如期而至，一个重要的原因就是北京的这几处河道虽然是著名的"旅游景点"，但严寒带来的旅游淡季恰恰为远道而来的海雕们提供了难得的喘息之机。但试想这几条河流一旦水资源枯竭，或者受到污染，亦或者是有个什么"好点子"让这里的旅游可以"淡季不淡"……也许这些看上去不能对我们的生活改变什么，但可以想到，这样的改变将会给这些美丽的海雕，以及生活在那里的其他野生动物带来毁灭性的打击。宜林则林、宜草则草、宜荒则荒。为了这些美丽的大鸟，请停下继续挤占野生动物生存空间的脚步，留给它们更多的空间，让我们可以共享同一片更加美丽的天空。

冬季里徘徊在白河流域山区的白尾海雕

◎ 5.6 王者中的王者——雕属

雕属(*Aquila*)猛禽英文名常被叫做Eagle，是一类大型的猛禽，有着非常宽大的翅膀、彪悍的身躯以及强劲骇人的喙和利爪。主要捕食大型鸟类如雉鸡、雁鸭类，以及小到中型的哺乳动物如鼠类、野兔、旱獭、狍子，甚至攻击盘羊和鹿这类中型有蹄动物。雕属中金雕的体长可以达到1米以上，翼展超过2.3米，而体重则更是达到了5千克这个数量级。综合体型大小、捕食能力以及行为气质，北京鹰形目猛禽大家庭中，雕属猛禽无疑是王者中的王者。而白肩雕，英文名更是直接叫作Imperial Eagle——帝王雕，足见这种猛禽的王者之气。

北京生活的四种雕属猛禽中，金雕、白肩雕，为国家Ⅰ级重点保护野生动物，草原雕和白腹隼雕是国家Ⅱ级重点保护野生动物。雕属猛禽绝对是站在生物链的顶端，俯视众生的王者。与此同时，也正因为这样的生态地位，与那些居于类似位置的大型捕食者一样（如虎、豹等大型猫科动物），它们在环境中也显得更加脆弱，一旦生物链下层的任何一个环节出现缺失，雕属猛禽的生活就会迅速崩塌，给种群造成毁灭性的打击。反过来，如果生态系统中缺失了雕这类大型猛禽的存在，也会造成整个系统的失调。它们的存在与生存状态直接反映着当地生态系统的健康状态。总之，雕属猛禽是一类应该得到特别关注和保护的鸟类。

白肩雕亚成鸟　　　　　　　　草原雕亚成鸟

金雕

◇金雕

金雕（*Aquila chrysaetos*），英文名 Golden Eagle，从名字你就可以感受到它们的高贵气质，其实它们不仅仅中文名和英文名都有"金"这个关键词，就连学名里的种加词 *chrysaetos* 也有着"金色的"意思。像这样学名、英文名和中文名都完全同一含义的现象在鸟类名字中并不常见。金雕之名有这样的特点，当然不完全是为了彰显这种大型猛禽的高贵气质。这里其实说明了它们有别于其他雕属猛禽的一个重要特征，那就是头颈部的金色羽毛。让我们来仔细观察一下这些"金毛"。

金雕一头金色的"秀发"（韩笑 摄）　　　　　　　　注意金雕亚成鸟翼下和尾羽下面的三块白斑（韩笑 摄）

怎么样，很漂亮吧？这些金毛不仅有着漂亮的色彩，就连造型上也像是专业美发师精心漂染了一样，极富层次感。当然，要想长出这样动感十足王冠一般的"秀发"，也不可能一蹴而就。与其他身体较小的猛禽不同，雕属这类大型猛禽的寿命普遍较长，从幼鸟出壳到成年需要经历 6 ～ 7 年，甚至更为漫长的时间。而在成长的各个阶段，年轻金雕的外衣也各不相同。在从幼鸟到亚成鸟的一段时间里，从腹面看金雕的翼下和尾羽下面都会或多或少地存在三块白斑，而白斑的面积会随着年龄的增长通过不断地换羽逐渐减小，直至消失。幼鸟阶段的金雕甚至有了"洁白雕"这样一个形象的俗名，这也成为观鸟者远距离辨识金雕的一个明显特征。

冬日低山河谷地带游荡的金雕（韩笑 摄）

　　金雕是雕属猛禽中北京唯一的留鸟。春季，在北京远郊区海拔 1500 米以上的山区，金雕会筑巢于悬崖峭壁或高大树木之上。巢体量巨大，直径可以达到 2 米以上，高度可以达到 1.5 米。金雕的寿命较长，经常会多年使用同一个巢址，反复添加巢材加以修葺，日久天长有的老巢甚至可以重达数吨。到了冬天，金雕会垂直迁徙到海拔较低的河谷地带越冬。每年的 11 月至次年 2 月，在门头沟、房山、怀柔等地的低山河谷地带，就可以看到垂直迁徙而来的金雕。

巨大的身形和利爪是金雕强大捕猎能力的保证（王小炯 摄）

　　金雕的捕食能力极强，在捕食前通常会停落在高崖、树冠等高处，或者游弋在高空，当发现猎物时会极速俯冲下去，使用巨大的脚爪捕猎动物。在它们的食谱中，包括了雉类、雁鸭类等中型鸟类，也包括鼠类、野兔、旱獭、羊，甚至狍子、鹿类等小到中大型哺乳动物。曾经有报道在一只金雕的嗉囊和胃中发现重达 829 克狍子肉的情况。可见金雕的捕食能力和食量的确惊人。在北京就曾经有鸟友目睹过越冬的金雕在山区捕捉幼年山羊的精彩瞬间。

　　前文提过，金雕的寿命比较长而且会反复地修葺旧巢用于繁殖。那么，金雕夫妻为什么会有这样的偏好？在金雕的世界里，它们又有着怎么样的"恋爱观"呢？和大多数猛禽类似，金雕通常也会采取单配制，而且金雕爱情的保鲜期还很长。有研究表明，金雕这类大型猛禽的婚姻相当稳定，很可能会保持若干个繁育周期，甚至"终生"不变。那么，是因为它们很专情吗？

在回答这个问题之前，先让我们梳理一下鸟类世界中那些忠贞的象征。在传统文化里，我们常常用鸳鸯（*Aix galericulata*）来寓意美好的姻缘，带有鸳鸯图样的工艺品常常会作为送给新婚夫妇的礼物。

但是，现实世界里，那些漂亮得一塌糊涂的雄性鸳鸯可是出了名的"负心汉"。经常在一个繁殖季还没有结束，就趁着伴侣产卵、孵化或者带雏鸟的时候溜出"家"门了。如此看来，把鸳鸯作为专情的象征着实不大合适。鸳鸯不靠谱，但同属于雁形目的大雁和天鹅却是货真价实的专情模范。例如，有研究表明斑头雁（*Anser indicus*）、疣鼻天鹅（*Cygnus olor*）一旦繁殖成功，就可以将配偶关系保持多年，其中疣鼻天鹅的"离婚率"甚至低于 5%。而包括鸳鸯、疣鼻天鹅在内的鸭科鸟类中，大多数都采取单配制。

那么，是什么原因造成了采用相同婚配制度的鸟类，其婚姻存续的时间却有着巨大的差异呢？原来，造成这些的原因归根结底就是——有利于繁殖。研究表明，长期、稳定的婚配关系有利于繁殖的成功，同时也减少了反复寻找配偶的时间和精力消耗。特别是对于体型较大、寿命较长的鸟类，它们在繁殖的过程中需要雌雄个体均投入较大的"哺育成本"，为了保证雏鸟的繁殖成功，它们必须"长相厮守"。而对于其他一些"哺育成本"较低的鸟类，更多的配偶选择则有利于繁殖出更多的后代。即便是那些比较钟情的物种，如果配偶一方意外死亡，除非存活的一方已经丧失了繁殖能力，否则"另寻新欢"一定是最佳的选择。总之，一句话，鸟类世界里没有专一的爱情，只有专一的"目标"——繁殖。再来看看我们的主角——金雕，它们每一巢只产卵 1 ~ 3 枚（雀鹰为 1 ~ 7 枚），孵化期达 35 ~ 45 天（雀鹰为 32 天左右），育雏期则达到了 70 ~ 85 天（雀鹰为 30 天左右）。从与雀鹰数据的对比来看，显然金雕的繁殖成本会更高，压力也更大，这就更加需要雌雄亲鸟的相互配合和高度默契。说到这，你是不是也就能够明白金雕为什么会采取单配制的婚配方式，同时长期保持稳定配偶关系的原因了吧。

鸳鸯雄鸟（上）和雌鸟（下）

小贴士：婚配系统（mating system）

　　在动物世界里，婚配系统是指某一个体为获得配偶而普遍采取的行为策略。在现生鸟类中，有大约90%以上的物种都采取单配制这种方式，也就是说它们在一个繁殖周期或者更长的时间内会保持相对稳定的一雄配一雌的配偶关系。另外的10%里则会有一雄多雌制、一雌多雄制等策略。例如濒危物种、国家I级重点保护野生动物绿孔雀（Pavo muticus）等鸡形目鸟类，采用的就是一雄多雌的婚配策略，它们通常雄性比雌性艳丽很多，在繁殖季会通过炫耀等方式吸引更多的异性与之交配，而剩下来的产卵、育雏的重任则会由雌鸟独自完成。另外一些鸟类，例如水雉（Hydrophasianus chirurgus），是鸟类中较少的采用一雌多雄制的动物。在这些鸟类生活的生境里，往往食物资源相对宽裕，雌性可以选择专心生蛋，而由不同的雄性们分别担负孵化和育雏的任务。总之，采用何种具体的婚配策略，会因物种、生活环境等的不同而各异。但归根结底，这种普遍存在的行为策略无一例外地服务于各自种群延续的最大利益。

水雉采用比较少见的一雌多雄的婚配方式

◎ 5.7 黑衣武士——乌雕

乌雕（*Clanga clanga*），英文名Greater Spotted Eagle，名字叫"雕"，但却不是"雕"。从学名上我们看到，这是一只乌雕属（*Clanga*）的动物，并非金雕或者草原雕等的雕属（*Aquila*）。如果远距离观察，我们很难看出这两个属猛禽的区别。特别是成年鸟就更为接近，都是乌黑一片的大鸟。它们长着非常宽大的翅膀、相对较为短小的尾巴。在这几种"大雕"重叠分布的地区，就连有一定观鸟经验者也可能将它们认混。

乌雕在北京属于旅鸟，也是在北京最常见的"雕"。根据北京猛禽迁徙监测项目调查的数据，每个迁徙季节里都可以看到少则十几只，多则 20 只以上的乌雕。你可能觉得相比于前面介绍的凤头蜂鹰、普通𫛭等猛禽，这样一个数量级实在不能算"常见"，但是要知道其他几种名字里带"雕"字的猛禽，在一个迁徙季里，通常只会有个位数的观察记录。而像金雕、白肩雕、草原雕这几种"真雕属"（即雕属，为区别于短趾雕属等其他某某雕属，观鸟人常称其为"真雕属"）的猛禽，更是可能几年里才会见到一只！所以如果你在北京看到一只乌黑的大鸟，初级飞羽的根部有一条"新月"形的白斑，背部腰上有一条白色的横带，那么你看到的很可能就是一只乌雕。

乌雕（焦庆利 摄）

乌雕头部

乌雕亚成鸟

　　乌雕之所以和雕属的大型猛禽有着非常相似的外形，是与它们类似的生活环境和捕食方式有着密切的联系的。乌雕平时栖息于沼泽或其附近的落叶阔叶林，也会选择草原上的稀疏榆林。经常在沼泽水域边缘觅食。喜欢捕食鼠类、蛙类、蜥蜴，也会攻击水禽或者其他鸟类。总之，这一类猛禽喜欢在空中长时间盘旋、寻觅，伺机发起攻击。

　　这样的飞行和捕食方式，不需要它们快速地转弯或者做出超高难度的机动动作，这就不需要像鹰属猛禽那样宽短的翅膀和长尾巴。而与之相适应的，它们需要的是一对长长的翅膀和相对短小的尾巴，这种大展弦比的布局与大型轰炸机非常类似。

雕等大型猛禽超大展弦比的布局与大型轰炸机相似

靴隼雕（深色型）

在北京叫"雕"的猛禽有很多，但雕属猛禽却只有白腹隼雕、草原雕、白肩雕和金雕四种，像短趾雕（*Circaetus gallicus*）、靴隼雕（*Hieraaetus pennatus*）、蛇雕（*Spilornis cheela*）以及各种海雕都统统不是真正的雕。而我们这位乌雕同学则是最"悲催"的一位。前不久它还是一名道道地地的雕，学名为 *Aquila clanga*。而最近，只是因为长了一对比较圆的鼻孔就被从雕的行列中踢了出来，无奈之下只好自立门户。

靴隼雕（浅色型）

短趾雕（杨杰 摄）

乌雕的幼鸟又名"花雕"（瞬间脑补到焖肉的请赶紧清醒一下），这一点从它们的英文名也可以看得比较明白——Greater Spotted Eagle。与雕属的大型猛禽类似，乌雕的羽色从幼鸟到亚成鸟再到成鸟会经历不同的几个阶段。其中幼鸟的羽色非常斑驳，这也是"花雕"这个名字的由来。让我们看看它们的样子。

"花雕"的腹部（杨杰 摄）

"花雕"的背部（陆莉 摄）

怎么样，够"花"吧。到了成年以后，乌雕就成了一只乌黑的大鸟。你可能会问，乌雕的俗名和英文名为什么都会抓住"花"这个特征，而不是这个"乌"的特征呢？原来，Black Eagle 已经另有所指，这是一种叫做林雕（*Ictinaetus malayensis*）的猛禽，我们先来看看它们的样子。

林雕（李航 摄）

林雕是一种东洋型猛禽，北京没有分布。和乌雕一样，林雕也是乌黑一片的大鸟。但如果我们仔细比较一下二者的外形，就不难看出林雕的翅膀更宽，而且尾巴更长。这又是为什么呢？其实从林雕这个名字，我们就可以有所发现。原来，林雕主要生活在热带、亚热带雨林或季雨林中，属于林栖猛禽，主要捕食鼠类、树冠层鸟类和蛇等爬行动物。长期生活在茂密的树林中，这就使它们演化出更加宽大的翅膀和更长的尾羽，以方便在林中穿梭。

林雕生活的典型生境——亚热带季雨林

乌雕生活的典型生境——温带草原稀疏榆林

通过对乌雕和林雕这两种黑色"大猛"的对比，你是不是也可以总结出一点寻找和识别猛禽的方法了呢？那就是，要想找到目标鸟，就需要先学习鸟类的相关知识。在适当的时间段，找到恰当的生境，才可以事半功倍地找到目标。同样地，可以利用这些信息，对外形相似的鸟类加以区分，当出现生境或时间矛盾的疑似记录时，就要特别认真地加以分辨。比如，你正走在内蒙古的草原上，突然从身边飞起一只黑色的大型猛禽，你脑子里闪出了乌雕和林雕两个选项，看过了这一段之后，你会优先选择哪一个呢？又要怎么最终确定呢？

小贴士：东洋型

"东洋型"是一个动物地理学中动物分布型专业名词，又称为东南亚热带—亚热带型。该型主要分布在中南半岛、印度半岛或附近岛屿，分布中心处于东南亚的热带地区。分布进入我国的种类向北伸展的程度，反映其对温度条件适应的幅度。典型的热带种类大多只伸入我国西南和华南热带和南亚热带。有些种类沿我国季风区北伸至东北的中温带。

◎ 5.8 浪里白条——鹗

鹗（*Pandion haliaetus*）是鹰形目里非常独特的一种猛禽，在较早的分类系统中鹗科甚至与鹰科、隼科、鹭鹰科和美洲鹫科并列存在于隼形目中。而且鹗还是单型科和单型属，也就是说鹗是鹗科鹗属唯一的一个代表物种，在猛禽中恐怕只有鹭鹰科的鹭鹰（*Sagittarius serpentarius*）与之类似，但是鹭鹰只分布于非洲中南部，而鹗是一种全球分布的鸟类，在除南极洲的其他六个大洲均有分布。即便现在有的分类观点将分布在澳大利亚、巴布亚新几内亚的鹗独立为另一个物种，但纵观鹰形目，恐怕再没有如此独特的全球性猛禽了。

鹗（宋晔 摄）

鹗头部

鹗的脚趾和跗跖上密布尖锐的鳞片

　　鹗的分类地位之所以独特，和它们特殊的身体结构有着不可分割的关系。说的具体一些，鹗与其他所有鹰、隼最大的不同之处在于它的脚趾。鹗的四个脚趾通常与其他猛禽一样，都是第一趾向后，第二、三、四趾向前，称为常态足。但在抓握食物时，鹗的第四趾可以向后扭转，与第一趾并排，这种方式有助于它们更牢固地抓紧食物。这种足鸟类学上称为半对趾足。这个能力是鹰形目其他猛禽所不具备的。如果仔细观察鹗的这双脚，还可以发现它们的跗跖表面和趾的下部还布满了刺状的鳞片，就像一把木锉刀一样。鹗不仅仅在形态上与鹰形目的其他成员差别很大，分子系统发育研究也表明，鹗科与鹭鹰科、美洲鹫科属于鹰形目中较早分化出来的分支，与其他成员的亲缘关系较远。

　　那么，为什么鹗的脚要如此特别呢？原来，鹗是一种嗜食鱼类的"鱼鹰"，它们的食谱里几乎都是鱼！与我们更为熟悉的"鱼鹰"——普通鸬鹚（ *Phalacrocorax carbo* ）不同，鹗捕食时并不会一头扎进水里，然后靠脚蹼潜泳追击鱼儿。鹗在捕食时会先在水面上空

10 ~ 30 米的高度巡视，一旦发现在浅层水域游动的鱼类，它们会向后收紧双翅，两脚向下冲进水里，用这双锉刀一样的脚，紧紧抓住滑溜溜的鱼，然后浮出水面奋力飞起。有报道说，鹗甚至可以冲入水面 2 米以下抓取游鱼。这么一说，你就明白鹗的脚为什么这么与众不同了吧。有了这样的利器，鹗绝对算是猛禽中的"浪里白条"，堪称横跨鹰、隼、鹗猛禽三界的"第一水将"。

鹗的体型不算很大，翼展 147 ~ 169 厘米，属于中型的猛禽。但在鹰形目里，鹗绝对算是颜值担当的"白富美"！鹗的羽色黑白分明，胸腹部洁白羽毛配上深色的胸带，就好像白色礼服搭配着简约的领结，尽显高贵的气质。同时，凭借着一身盖世的水下功夫，鹗完全可以自豪地宣称"我可不是只有白脸蛋儿的奶油小生，浪里白条绝非浪得虚名！"虽然说金雕等雕属猛禽是真正的天空王者，但要是到了水里，那绝对就是黑旋风遇到了张顺，只有甘拜下风的份了。

鹗捕食鱼类的过程

鹗在北京是一种旅鸟，每年只有在迁徙季节里才可以看到它们。虽然鹗不是非常罕见的候鸟，但在观鸟者眼里却是人气很旺的一个鸟种。除了颜值高以外，还因为它在迁徙过程中有一个非常有趣的行为。前面说到红脚隼、雀鹰等鸟类会在迁徙的路上捕捉昆虫、鸟类，以补充身体消耗。然而，我们知道了鹗是一种嗜食鱼类的猛禽，在迁徙的路上不太容易找得到鱼吃。那么，它们是不是就要饿着肚子一路飞下去呢？答案是否定的，你看它们爪子上抓着什么？的确它们正在带着鱼飞行。而且出于减少空气阻力的缘故，不管抓住的是多大的鱼，鹗一定会两爪一前一后将鱼头朝前"运输"，非常像挂载着副油箱飞行的战斗机。通过我们的观察，北京迁徙过境的鹗中有不小的比例都带着鱼，运气好的时候还能看到抓着红鱼飞行的鹗。从监测点周边的地形地貌分析，这些鱼很可能就是在永定河、颐和园、圆明园或者附近的水域捕捉的，而且它们应该也知道向前的路线中缺乏合适的"补给站"，才会选择这种"带着干粮去旅行"的迁徙方式。

　　怎么样？很神奇吧。

带鱼迁飞的鹗（赵锷 摄）

鹗会是"在河之洲"的"雎鸠"吗？（赵锷 摄）

听到"鹗"这个字，你可能会觉得陌生。那"关关雎鸠，在河之洲"这句你一定会非常熟悉吧？如果我说这个"雎鸠"可能就是鹗你会不会惊奇呢？观鸟界的确有这样的声音，主要的原因就是这后半句——"在河之洲"。鹗是靠捕食鱼类生活的，巢有时候就筑在近水沙洲的枯树上。和《诗经》中的描写不同，鹗的叫声并非"关关"之声，而是连续的类似"啾啾啾"叫声。但是，两三千年前生活在中国这片土地上的鹗会不会叫声与现在不同？或者本就是"关关"二字在彼时就读作"啾啾"？再或者那作诗之人满心早已装满窈窕淑女，哪有心思记得雎鸠如何鸣唱，"关关、啾啾"没了所谓？才子佳人千古传唱，愿这美丽的鹗也可以世世生生抓着大鱼飞过北京的天空。

带着红鲤鱼迁飞的鹗（宋晔 摄）

△
129

小贴士：鸟趾

与绝大多数陆生脊椎动物不同，大多数鸟类后肢为四趾类型。一般拇趾（一趾）向后，二、三、四趾向前，称为正常足。啄木鸟、鹦鹉等鸟类二、三趾向前，一、四趾向后，称为对趾足。本节提到的䴗以及猫头鹰的四趾可以向后扭转，这样四趾和一趾向后与二、三趾相对，称为半对趾足。咬鹃第三、四趾向前，一、二趾向后，称为异趾足。翠鸟、犀鸟的前三趾基部有合并现象，称为并趾足。雨燕的四趾均向前，称为前趾足。脚趾的数量和排列是鸟类分类的一个重要依据。

大斑啄木鸟（对趾足）

普通翠鸟（并趾足）

白喉针尾雨燕（前趾足）

斑头鸺鹠（半对趾足）

集群迁飞的凤头蜂鹰（宋晔 摄）

◎ 5.9 百变怪杰——凤头蜂鹰

凤头蜂鹰（*Pernis ptilorhynchus*），提到这个名字你可能会觉得陌生。如果我告诉你，它是北京可以见到的数量最大的鹰形目猛禽，每年你都可以看到成千上万只凤头蜂鹰飞过北京的上空，最多的时候在一天里你就会看到一千只甚至两千只凤头蜂鹰划过天际……听到这里，你是不是快惊掉下巴了？有这么多的"老鹰"，为什么我从来没见过！其实说来原因很简单，因为这些凤头蜂鹰基本上都不长期生活在北京。对于我们这个古老的城市而言，它们是一群匆匆的旅者。用鸟类学的专用名词，它们是北京的旅鸟，也就是说它们只会在春、秋两个迁徙季才会出现在北京的天空之上，繁殖地和越冬地则在北京之外的地方。所以，如果你不是观鸟者，没有在迁徙季里刻意地留心观察，迁徙季一过，它们就会消失得无影无踪。

那么，为什么把它们叫做"百变怪杰"呢？先来让我们看看凤头蜂鹰的样子。

凤头蜂鹰

凤头蜂鹰（浅色型）

凤头蜂鹰（中间色型 亚成）

凤头蜂鹰（深色型）

凤头蜂鹰（浅色型）（杨杰 摄）

凤头蜂鹰头部

凤头蜂鹰（中间色型）

怎么样？够"百变"吧？你是不是觉得上面这些不可能是一种鸟呢？其实它们都是凤头蜂鹰，只是羽色不同罢了。说起来在鸟类中同一个物种，依年龄的成幼、性别的雌雄出现羽色不同情况并不太少见。在同一物种中，出现个别几种不同羽色，被称为该物种的不同色型。纵观鸟类世界，像凤头蜂鹰这样，同是成熟个体，甚至同样性别的情况下，羽色出现如此丰富的多样性，就比较少有了。

凤头蜂鹰的羽色似乎可以随意组合。那么是什么原因造成了它们如此善变呢？其中的一个假说是这样的，凤头蜂鹰是一类比较孱弱的猛禽，为了在自然环境中表现得更加强大，它们依照一些更加强大的猛禽进行了伪装。想想大自然里丰富多彩的拟态现象，比如拟态成毒蛇的毛毛虫、模拟成海蛇游动的章鱼等，为了获得更加安全的生活空间，凤头蜂鹰这种"百变"特性就比较容易理解了。好，让我们对比着看看被它们模拟对象原本的样子，凤头蜂鹰演绎的是不是很逼真呢？

凤头蜂鹰（中间色型）

左：蛇雕　右：凤头蜂鹰（杨杰 摄）

左：鹰雕　右：凤头蜂鹰（杨杰 摄）

左：林雕　右：凤头蜂鹰

凤头蜂鹰脸部鳞片状的羽毛

怎么样，凤头蜂鹰果然是一位模拟大师吧。看到这里好奇的你会不会继续追问——凤头蜂鹰怎么就孱弱了呢？它们怎么说也是老鹰啊！要回答这个问题，我们就要从它们的食谱中找原因了。凤头蜂鹰虽然体长 50 ～ 66 厘米，翅展可以达到 121 ～ 135 厘米，从体型上看达到了一个中型猛禽的量级，但它们的食谱里却多是蜜蜂、黄蜂这类膜翅目的昆虫，虽然偶然也会捕食两栖、爬行动物等，但嗜吃蜂类这个习惯，使它们身体的各个部分都因为这个习惯发展出非常特别的适应性特点。比如，为了防止被蜂类的强大蛰针刺伤，凤头蜂鹰脸部的羽毛不会像一般鸟类那样蓬松地向外生长，而是演化为鳞片状，非常紧密地贴合脸部向后生长，像披了一层铠甲；跗跖上的角质层也非常发达，确保抓握或撕开蜂巢时，不会被疯狂护巢的蜂类蛰伤；与此同时，它们的喙也因为不必用力撕扯食物而变得纤细；脚爪相比于类似体型的猛禽也变得不那么强大有力。所以，凤头蜂鹰表现出来的孱弱和善变实际上都是在漫长演化道路上的一种适应，并非它们就真的弱小，反而证明了它们的强大。

在这一篇的开始，我们提到凤头蜂鹰对于北京而言属于旅鸟。它们的繁殖地和越冬地会因种群的不同而各有不同。科学研究显示，飞越北京的凤头蜂鹰有两个不同的种群，一个主要繁殖地在日本岛，另一个主要繁殖地在东北亚及远东的内陆地区。这两个种群的越冬地则主要集中在中南半岛到苏门答腊岛和加里曼丹岛的东南亚地区。近年来，日本鸟类研究结果显示，日本繁殖的凤头蜂鹰在春季和秋季的迁徙中会选择不同的飞行路线。其中，在春季，北京是它们北迁路线上的重要节点，而在秋季，它们则会选择从日本岛直接沿岛链跨越东海后在我国江浙一带登陆，而后沿海岸线一路向南经由广西飞越国境进入中南半岛。从近年来北京迁徙猛禽监测项目的观察结果上看，春季和秋季记录的迁飞凤头蜂鹰数量相差很大，春季记录的数量接近秋季的两倍。结合日本学者关于凤头蜂鹰迁飞路线选择的研究结果，我们可以尝试这样一种假设——北京春季里看到的凤头蜂鹰中，日本繁殖种群和东北亚内陆繁殖种群各占一半，而秋季里看到的则更多的来自东北亚内陆繁殖的那个种群。当然，这只是关于凤头蜂鹰迁徙路线选择的一种推断。

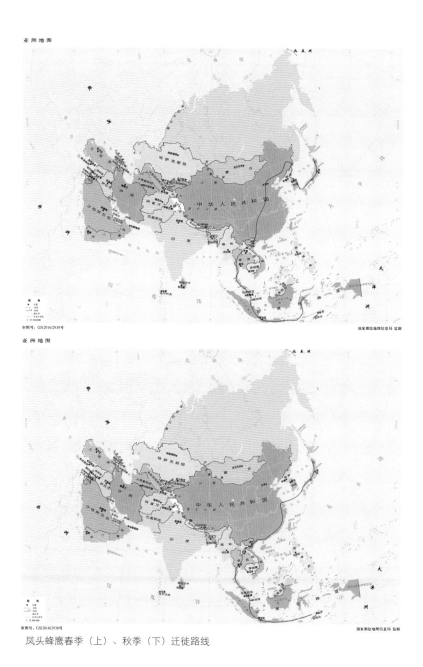

凤头蜂鹰春季（上）、秋季（下）迁徙路线

会不会还有不同的第三个繁殖种群在春天并不经过北京，而在秋天路过呢？东北亚繁殖种群在秋天也会选择另一个路线呢？这些问题还有待科学家们进一步研究后，才能告诉我们真正的答案。

凤头蜂鹰

凤头蜂鹰

小贴士：拟态（mimicry）

　　拟态一般是存在密切生态联系的若干物种间的外观相似。在多种多样的拟态行为中，如果一种无毒（无害）的生物，模拟成有毒（有害）的生物，这种拟态被称为贝茨拟态（Batesian mimicry）。例如无害的食蚜蝇拟态成带有蜇针的蜂的样子，可食用的副王蛱蝶拟态不可食用的普累克西普斑蝶等等，都属于这一类型的拟态。虽然拟态现象在昆虫中最为常见，但在更高等的动物中也会时有发生，比如在文中提到的凤头蜂鹰对其他更凶猛鸟类的拟态，也会使它们在环境中"欺骗"对手，并从中受益。

拟态蜂类的黑带蚜蝇

蜜蜂（张睿麟 摄）

◎ 5.10 大嘴八方——黑鸢

　　鸢属（*Milvus*）猛禽世界现存 2 个物种（亦有分类学观点将其分为 4 ~ 5 个独立的物种），即黑鸢（*Milvus migrans*）和赤鸢（*Milvus milvus*），其中黑鸢分布在亚欧大陆、非洲大陆、巴布亚新几内亚及澳大利亚等较大的范围中。虽然不及之前提起过的鹗和游隼两种猛禽"逛遍全世界"，但也算是一种分布极广的物种。

黑鸢头部

黑鸢

这里从它们的学名就可以看出来一些端倪，*migrans* 这个种加词的含义就有"迁移"之意。但需要说明的是，这并不是说在如此之大的范围内，所有的黑鸢都完全一样。它们被分为了大约6个亚种，也有的分类观点将它们当中的一部分亚种独立出来成为物种。例如将指名亚种 *M.m.migrans* 独立为种即黑鸢，而将分布在西伯利亚和亚洲东南部的普通亚种 *M.m.lineatus* 独立为另一个物种——黑耳鸢，将分布在埃及、红海沿岸、阿拉伯半岛等地的亚种 *M.m.aegyptius* 独立为黄嘴鸢等。提及分类的话题不免让人有点迷糊，不过没关系，我们只知道黑鸢分布非常广，长得也不那么完全一样就好。

接下来我们来聊聊它们的一些独特之处。

迁徙途中的黑鸢

看到这里，在本书中我们应该也看到了不少的"老鹰"了。可说到这个俗名，这位黑鸢同学才是真正的实至名归的"老鹰"。黑鸢是一种相对常见的鹰形目猛禽，也是猛禽中为数不多的群居类型。它们的食性非常多样，可以说是一位地地道道的大胃王。天上飞的地上爬的水里游的，从不起眼的昆虫纲、寡毛纲（常说的蚯蚓类），到硬骨鱼总纲、两栖纲、爬行纲，一直到鸟纲、哺乳纲，只有你想不到的，没有它不吃的。而且这种猛禽还非常地"亲人"，经常群居在人类活动频繁的场所。我们儿时的惊险游戏"老鹰捉小鸡"也许就来源于这种猛禽的真实捕食场景。在一些地区，它们甚至会大群地聚集在大型的垃圾填埋场，捡食人类丢弃的厨余垃圾。可以说是死活通吃、生冷不忌，一副大嘴吃八方的"糙汉"形象。

黑鸢捕食黑水鸡（赵锷 摄）

△

黑鸢捡食河中的死鱼

▽

黑鸢在空中捕食昆虫

黑鸢（下）和红嘴山鸦（上）

然而，也正是因为这张"不讲究"的大嘴，险些给它们带来厄运。在台湾生活着一种当地特有的黑鸢亚种——*M.m.formosanus*。这些黑鸢曾经是台湾地区最常见和数量最多的猛禽之一，然而在 1980 年以后人们却发现原本成群结队生活在身边的黑鸢正在快速地消失。到了 1991 年，经统计，全台湾的黑鸢只剩下 175 只，到了灭绝的边缘。这引起了一位生物老师的关注，他叫沈振中，被称为"老鹰先生"。

为了找出台湾老鹰大量减少的原因，沈老师从 1991 年开始，对黑鸢的生存情况进行了长达 20 年的观察和研究。通过长期的调查，沈老师和志同道合的研究者发现，人类的捕猎、栖息地的丧失、生存空间的严重压缩都是黑鸢种群数量大幅度下降的原因。同时，还有一个非常重要的原因就是农田里广泛使用的杀虫剂、落叶剂以及鼠药等农药。由于黑鸢喜欢捡食腐肉的习性，当它们发现农田里被毒死的昆虫或鸟类后，往往会急冲过去大快朵颐。然而，就算这些大胃王的消化能力再强，面对这些化学毒剂，也很难逃脱死亡的厄运。幸运的是，在众多有识之士的推动下，在台湾有越来越多的农场开始推广生态种植，给台湾的黑鸢和更多的野生动物保留了继续繁衍下去的生存空间。

黑鸢的尾羽明显内凹

　　鸢属猛禽外型上有一个非常明显的特征，那就是它们的尾部形状与我们前面看到的所有猛禽不同，黑鸢的尾羽中间凹陷，中央尾羽最短而外侧尾羽最长。用一个形象的比喻，鸢属猛禽长了一条"鱼尾"。那么为什么黑鸢会长出这样一个奇怪的尾巴呢？

　　猛禽的外形都与它们的生活方式特别是捕食飞行方式有着直接的关联。我们先来对比一下这两个比较极端的例子。

虎头海雕的楔形尾羽（韩笑 摄）

黑鸢的凹尾 （颜晓勤 摄）

普通燕鸥（*Sterna hirundo*）

虎头海雕的楔形尾羽和黑鸢的"鱼尾"呈现出鲜明的对比。之前我们介绍过海雕的楔形尾羽是与其直线型的飞行捕食方式相关的，突出的中央尾羽以及呈楔形的整体外形，都有助于保持其直线飞行的轨迹。再来看黑鸢这个"鱼尾"，虽然大自然中长着这样一条尾巴的猛禽非常稀少，但是拥有类似尾部的鸟类却还有很多，例如各种燕子、燕鸥以及燕鸻等。这些鸟类都有一个共同的特点，它们喜欢在较为开阔、平坦的地面（或者水面）飘飞，然后轻巧地小幅度转弯抓取空中或者地（水）面的猎物。拥有这样一个外侧尾羽突出的"鱼尾"，可以帮助它们灵活地控制身体的姿态，在飞行时精确地做出捕食动作。

了解了这些，如果你一时还看不到黑鸢，不妨抽时间看看燕子们在空中捕食飞虫的样子。或者回忆一下"儿童散学归来早，忙趁东风放纸鸢"的诗句，去和煦的春风里看一看"纸鸢"的样子。我相信，当你有机会一睹黑鸢的风采时，一定会对它们产生一份别样的喜爱之情。

普通雨燕（*Apus apus*）

小贴士：亚种（subspecies）

亚种是一个种下分类阶元，通常具有特定的表现性状和特定的地理分布区域。现生类群的亚种之间可以正常交配、繁殖。分类学上的亚种相当于生态学上的种群（population）。亚种是地方性种群在地理上划分的集合体，作为一个亚种，其种群的集合体必须在分类上与其他亚种不同。而什么是"分类上的不同"则往往仅能从分类学家们的综合意见中寻求答案。差别需要足够的明显，即不必依靠它们的出产地信息便可以分辨和鉴定大部分的标本（个体）。为了这样的目的，许多分类学家遵循"75%"规则，简单说就是同一物种的两个种群之中，75%以上的个体存在着显著的不同，那么这两个种群之间的差别就可以使之成为两个不同的亚种。

白鹡鸰普通亚种

白鹡鸰灰背眼纹亚种

◎ 5.11 腐朽神奇——秃鹫

秃鹫（*Aegypius monachus*），俗称座山雕。提到这个名字是不是满脑子都是《林海雪原》中"三爷"的形象？在艺术作品中，这个"三爷"还真和秃鹫有那么一点点相似之处，那就是都有点"谢顶"。这个"秃"的形象，其实可以说是鹫这类猛禽中大多数物种的一个共同特征，这个咱们下面再细说。从"座山雕"这个名字我们不难想象，这一定是一种经常在高山中出没的猛禽。在现实中秃鹫的确经常出现在山地生境，而"鹫"字解释起来也有同样的意思。这个"鹫"字早期出现在《山海经》中，同"就"，有"高就""成就"之意，其意可以理解为——这是一种"就高不就低"的鸟。

秃鹫不仅飞得高，个子也高，身高可以达到近1米，而翼展更是惊人地超过了3米（这个身材在鸟界可以算是巨人了）。有一次，我在一个动物园近距离观察秃鹫，当我靠近这只黑色的大鸟时，它突然伸开双翅舒展了一下筋骨，结果直接吓得我倒退几步不敢接近——这家伙实在是太大了。事实上，秃鹫是整个欧亚大陆翼展最大的鸟类。近距离看到它们，那感觉只能用"震撼"来形容。

飞跃山巅的秃鹫

中国范围内，鹫类猛禽共有1科5属共8种。其中秃鹫是分布最广也是分布最偏东的一个物种。在北京，秃鹫属于留鸟，但在春、夏、秋三季，我们很难见到它的身影。这个主要原因你也许想到了，就是这个"鹫"字，它们通常繁殖在较高海拔的山地环境，而这些地方通常鲜有人烟，所以想在春、夏、秋这样的季节里找到它们是比较困难的。细心的你应该也发现了吧，我只说了"春、夏、秋"，而唯独没有提到"冬季"。你猜得没错，在北京如果想看到这种猛禽，最好的季节就是在冬季。每年的冬天里，秃鹫都会仨一群五一伙地搭伴来到较低海拔的山区越冬，这时往往可以比较容易地找到它们。比如在北京房山十渡、门头沟的沿河城等地，都经常可以看到盘旋在山顶寻找食物的秃鹫。

秃鹫头部

冬天在十渡集群觅食的秃鹫

猛禽特种邮票 首日封 -II-19870320

猛禽特种邮票 首日封 -I-19870320

猛禽特种邮票 I- 4-3 秃鹫 -1987

我从小就喜欢动物。在我九岁的时候，妈妈送给我一套猛禽的邮票和首日封。那时候手里并没有现在这么多鸟类的图鉴或者书籍。这套绘制得惟妙惟肖的邮票便成了我的最爱之一。

这套邮票中的第三张的主角就是秃鹫。这套邮票绘制得很写实，也非常精美。如果仔细观察这张秃鹫邮票，我们会发现其实这并不是一只秃鹫，而是一只高山兀鹫。有这样一种说法——邮票是一个国家的文化名片。在这样一张名片上产生了这样的偏差，实在是一件比较遗憾的事情。同时也可以看出，对于我们来说这些猛禽究竟有多么的陌生。没关系，今天我们就来好好起起这些大鸟的底。

红头美洲鹫（美洲鹫科的代表）（陆莉 摄）

现生的鹫类分为两个大的类群，分别是旧大陆鹫类和新大陆鹫类。分类学里就是分布在亚欧及非洲大陆的胡兀鹫亚科、秃鹫亚科和鹫鹰科，以及分布在美洲大陆的美洲鹫科。而它们几乎都是全职的食腐动物。

鹫类起源可以追溯到距今大约 6500 万 ~ 2300 万年前的第三纪古新世和渐新世，这个时期物种的爆发伴随着大量死亡、疾病。然而，当时还没有大型猛兽可以淘汰或者消灭这么多的老弱病残动物，只能任由它们死去，而昆虫或者细菌等微生物也来不及分解这么多动物尸体，就是这样一个臭气熏天的世界，催生出了鹫这一类食腐专家。

高山兀鹫（秃鹫亚科的代表）（孙驰 摄）

可以想象，在那样一个天时地利的环境里，这些超级清道夫一定是如鱼得水，大有作为。事实也的确如此，在之后的几千万年里，鹫类得到了非常大的发展，仅仅已经被发现的化石物种就达到 37 个属。这样一个时期是大型鸟类繁盛的时期，著名的古生物学家侯连海先生报道的中新世时期的泰山齐鲁鸟（*Qiluornis taishanensis*）和顾氏中新鹫（*Mioaegypius gui*）就是一些体型与秃鹫相仿甚至比秃鹫更大的食腐鸟类。而这一篇的主角秃鹫，起源自约 530 万年前的上新世，在这样一段相当长的时间里鹫类猛禽普遍过着衣食无忧的小康生活。直至 258 万年前的更新世，随着冰期的来临，地球的环境发生了巨大的变化。在这一时期，稀树草原不断被巨大的冰川压缩，使得大型鸟类遭受到了沉重的打击，幸存者可能不足 1%。在这样的大背景下，绝大多数鹫类物种也迅速消亡。时至今日，全球鹫类仅以孑遗物种的形式残存 23 个物种。

正在争食尸体的高山兀鹫（孙驰 摄）

现生的这 23 个鹫类物种中，鹭鹰和须兀鹫这类看上去就比较奇葩，它们没有"谢顶"这样一个外形上的特征，而其他的秃鹫亚科以及美洲鹫科基本上都是以"秃头"形象示人。这也是分别与它们的食性直接相关的。秃鹫亚科和美洲鹫科的猛禽都取食动物尸体，为了防止太多的血水和污物玷污羽毛，所以它们头颈部通常都只有较少的覆羽。而须兀鹫类的猛禽主要取食骨髓或者鸟卵甚至水果这类食物，所以头颈部的羽毛自然也没 "谢顶"的必要。

　　而鹭鹰更多地会捕食蛇及其他爬行动物，有一双"大长脚"和毒蛇周旋就好，至于羽毛嘛，多一些没准还能对抗几下蛇咬呢，更没有不长的道理。

胡兀鹫（须兀鹫亚科的代表）（孙驰 摄）

鹭鹰（鹭鹰科的唯一代表）（宋晔 摄）

其实，虽然秃鹫亚科和美洲鹫科的鸟类长着类似的"秃头"，但它们的亲缘关系却不算近。最近有研究表明，这两种鸟类的分化时间很久，真的算是八竿子打不着的"远方表亲"。相比之下，美洲鹫科的鸟类更适应在林地环境觅食，甚至演化出了在鸟类世界中极为罕见的灵敏嗅觉，属于猛禽界"小猎犬"的存在。而秃鹫亚科的猛禽更适应于草原、荒漠类型的生境，更加适应超长时间、超长距离的巡游，靠敏锐的视觉发现动物尸体。而二者的类似相貌，实际上是趋同进化的产物。

美洲鹫独特的鼻孔 （陆莉 摄）

由于鹫类并不怎么英俊的"发型"，加上经常乱哄哄争食死尸的形象，让很多人不喜欢这种猛禽。但是，不论是新大陆鹫类，还是旧大陆鹫类，都是生态系统中非常重要的"清道夫"。这些巨大的猛禽几乎不会杀生，却利用自己强大的胃将可能带来疫病的死尸、腐肉变为美味佳肴，从而让生态系统更加健康。可现实生活中，这样一群与世无争的和平主义者，差一点阴差阳错地惨遭灭绝。

事情发生在 20 世纪 90 年代的印度，有科学家发现曾经在印度非常常见的白腰兀鹫（*Gyps bengalensis*）、细嘴兀鹫（*Gyps tenuirostris*）和长喙兀鹫（*Gyps indicus*）在迅速地减少。在一些原本生活着兀鹫的地方，发现了很多异常死亡的兀鹫尸体。难道是什么可怕的疫病，让这些"铜肠铁胃"的"清道夫"都吃坏了肚子？科学家们排查了很多的原因，但都没有结果。研究进展缓慢，但兀鹫死亡的病例却在持续增加。短短几年间，这种原本无危的物种几乎到了灭绝的边缘。几经周折，科学家们终于找到了杀死这些兀鹫的真凶。这回杀死野生动物的还真不是什么人类的恶意或者巧取豪夺，恰恰是出于人类的"善意"。

牛在印度教教义中拥有着崇高的地位，所以在印度人们不但不会主动杀死牛，在牛老了、病了时，人类还会治疗它们的疾病。但牛终有死去的一天，等它们死了，人们就会将死牛弃置于环境中自然分解。这些兀鹫自然不会错过这份大餐，在这个过程中，兀鹫就会将死牛身体里残存的药物一并吃进自己的肚子。兀鹫的"铜肠铁胃"对病菌有着天然的抵抗力，但对这些人造的药物可就不一定了。比如一种含双氯芬酸（diclofenac）的止痛药，人类为牲畜使用这种药物的目的是为了减轻它们的病痛。出发点是善意的，但却没有想到这些药物会导致兀鹫肝脏严重受损，直至死亡。好在随着这一研究取得了关键性的进展，兀鹫的死亡之谜被揭开。研究表明，在 1992 ~ 2007 年间，印度细嘴兀鹫和长喙兀鹫的数量下降了 96.8%，而白腰兀鹫更是下降了 99.9%。双氯芬酸使得这三种兀鹫被世界自然保护联盟（IUCN）收录在红色名录中，评级都为"极度濒危"。虽然印度已经在 2006 年开始全面禁用双氯芬酸这种会对兀鹫造成严重伤害的兽药，而兀鹫种群恢复的道路依旧艰难而漫长。

冬季清晨伫立在山顶的秃鹫（杜松翰 摄）

在北京，冬季垂直迁徙到浅山地区越冬的秃鹫也会觅食死去的家畜、家禽，早年就有鸟友观察到远郊区处理死亡家禽的地方有不少秃鹫聚集活动。它们会不会受到类似兽药的影响呢？如果你在这些地方发现行动异常的秃鹫，别忘了尽早报告相关部门。

小贴士：趋同演化（convergent evolution）

在演化的进程中，有些物种是各自独立演化的，它们的祖先并没有什么特别的相似之处，只是由于向着同一个方向发生了演化，最终后代具有了较大的相似性。这些物种间的相似性并非来自共同祖先的遗传，而是来自对相同或相似的某种特化的生活方式的适应。这些特化的生活方式包括某一类特化的食物、生活环境或者其他丰富而不可替代的自然资源。在本节中的美洲鹫科以及旧大陆秃鹫亚科的猛禽，现在已经比较明确的是，这两大类猛禽亲缘关系很远，而且分别生活在新旧大陆的不同环境中。它们之所以演化出某些相似的特征（头颈部羽毛较少、翼展比较宽大等），就是因为占据着极其相似的生态位，以及高度类似的取食行为。再比如下面这两种小虫，分别是我们熟悉的中华大刀螂（*Tenodera sinensis*）和大家也许比较陌生的中国螳瘤蝽（*Cnizocoris sinensis*）。虽然这两种昆虫学名中的种加词完全一样，都使用了"中国的"这样一个大气的名字，但是它们分别属于螳螂目和半翅目两个完全不同的大类，很显然亲缘关系并不近。然而，由于类似的捕食方式，经过漫长的趋同演化，造就了它们外形相似的"捕虫足"。

中华大刀螂

中国螳瘤蝽（张睿麟 摄）

◎ 5.12 百毒不侵——蛇雕

蛇雕（*Spilornis cheela*）是一种典型
的东洋型猛禽，传统的分布地在中国的南
部和南亚。蛇雕属在世界范围内有 13 个物
种，除蛇雕以外的其他同属猛禽基本都狭域
分布在苏门答腊岛、加里曼丹岛、希卖鲁尔群岛、
尼科巴群岛、苏拉威西岛以及巴布亚新几内亚周
边的热带海岛上。

虽然与林雕同属于东洋型鸟类，但蛇雕却更偏爱栖
息在相对开阔的林地环境，这样的生境为它们提供了更加
有利的捕猎场所。蛇雕的食谱里包括了蛙类、鸟类以及蛇类
等动物，尤其偏爱蛇类。在相对开阔的林缘地区，经常可以看

站在树枝上观察的蛇雕

到蛇雕长时间停落在树枝上俯视领地，寻找蛇类。也有观鸟者曾经
观察到蛇雕沿着盘山公路寻找在路上晒太阳的蛇。蛇雕飞行速度不快，也不善于在森林
里穿梭飞行。在它们发现蛇类后，会从高枝或空中直接飞下去，找准机会以后用爪按住
蛇，然后撕咬蛇的头颈部。为了把滑溜溜的蛇抓牢，蛇雕的脚爪演化得与众不同。与体
型相仿的其他猛禽相比，蛇雕的趾爪显得短小了许多，这就
好像用一把短小有力的钳子可以把工件夹得更牢，这样一个
特化的双脚，可以帮助蛇雕更加牢靠地控制住蛇。同时，
这也使得蛇雕站在那里就像是一个 1.9 米的大个子，却长
了一双 36 码的小脚一样，显得有些头重脚轻，有点搞笑。

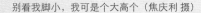

别看我脚小，我可是个大高个（焦庆利 摄）

蛇雕头部

　　当然，为了解决掉蛇类，这些捕蛇高手的利器还远不止如此。在蛇雕捕蛇的这个过程中，蛇当然不会坐以待毙，也会使出浑身解数奋力抵抗。大多数蛇类最厉害的武器无疑是牙齿，特别是毒蛇的毒牙里"喷涌而出"的毒液更是大多数动物的噩梦。这对于蛇雕当然也不例外。为了防止被蛇类咬伤，甚至中毒给自己造成严重的伤害，蛇雕的跗跖特化，表面全部被覆厚重的鳞片，可以有效地防止毒蛇咬伤。用钳子一样有力的趾爪控制住蛇类的颈部，再加上跗跖上的"重甲"，就算是再厉害的毒蛇，也很难逃脱被蛇雕吞下的命运。

蛇雕在吞食蛇类（戴子越 摄）

在蛇类基本丧失了抵抗能力后，蛇雕会直接将蛇吞进肚子。在这个时候，它们会运用自己的又一个秘密武器，防止"煮熟的长虫飞了"。见过蛇类的朋友可能都有了解，蛇不仅可以向前爬行，也可以灵活地向后爬行。蛇雕在吞食蛇类时，蛇经常并没有完全死亡。为了防止吃进肚子里的蛇再爬出来，蛇雕的舌头根部长有对称的两组指向腹部的栉状棘突，就像"倒刺"一样让吞进去的蛇"只进不出"。

　　看出来了吧，为了吃蛇，蛇雕可谓是"武装到了牙齿"。对吃蛇这么偏爱，我们也就不难理解蛇雕属猛禽集中分布于热带、亚热带地区的原因了。由于热带、亚热带地区是蛇类物种最繁盛的地区，在全球现有的 3000 多种蛇类中，有 75% 以上的物种都生活在这里。这样一来，也就给蛇雕属猛禽创造了极佳的生存条件。

　　那么，对于地处温带季风区的北京，蛇雕又是一种什么样的居留状态呢？蛇雕在北京属于罕见旅鸟，甚至在较早的鸟类文献中都没有确切的分布记录。直至 2013 年 5 月，北京的观鸟爱好者在百望山发现了迁徙过境的蛇雕。按照前面说的，既然蛇雕那么适应南方的环境，又有美味的蛇类可吃，它们来北京干什么呢？不会饿死吗？

蛇雕

赤链蛇——北京常见的一种后沟牙毒蛇

　　首先应该了解的是，虽然蛇类更喜欢亚热带、热带的环境，但并不意味着温带地区完全没有蛇类的活动。事实上，在除欧亚大陆及北美洲大陆的极北部、南极、新西兰、格陵兰、夏威夷等极少数地域以外，蛇类遍布整个世界。在北京以及更北的华北及东北地区，也广泛地分布着多种蛇类。特别是在夏季，蛇类活动还是比较多的。比如在北京的黑眉锦蛇、王锦蛇、赤练蛇、虎斑颈槽蛇、短尾蝮等，都可能成为蛇雕的美味。由于蛇雕嗜食蛇类的特点，让人们浮想联翩。在中国的古代，更是将蛇雕称为"鸩"，这个字也许你会觉得陌生，但"饮鸩止渴"这个成语你一定熟悉吧？这个传说中的毒鸟就是现实中的蛇雕。齐人陶弘景撰《本草经集注》中有这样的描述："鸩鸟，出广之深山中，啖蛇。人误食其肉立死。昔人用鸩毛为毒酒，故为鸩酒，顷不复尔。"当然，现实中蛇雕虽然会捕食毒蛇，但自己并不会因此中毒，更不会全身上下都成了毒药，关于"鸩鸟"的故事，就让它成为一个有趣的故事吧。

短尾蝮——北京最毒的毒蛇（张睿麟 摄）

根据文献记载，2010 年 1 月 28 日，长白山地区的林甸县记录到一只蛇雕的尸体。这也是蛇雕在我国最北的一个分布记录，但这一只死亡个体的记录究竟属于正常的扩散，还是迷鸟，或者是非法捕捉的逃逸个体都还存在疑问。但从近几年来对北京迁徙猛禽的监测情况看，有越来越多的蛇雕在迁徙过境北京的过程中被记录，这样的情况似乎指向一个重要的信息，蛇雕也许正在向我国的华北甚至是东北地区扩散。但是不是就意味着在那里存在着一个比较稳定的繁殖种群呢？这就需要更多更深入的研究，也需要更多的公众参与到观鸟活动中，关注身边的自然环境，给鸟类学研究提供更多有价值的信息。

蛇雕（李航 摄）

◎ 5.13 艺不压身——灰脸鵟鹰

鵟鹰属（*Butastur*）猛禽全世界范围内现生四种，分布于东亚、南亚、东南亚岛屿以及撒哈拉以南的非洲中北部。本属猛禽体长 35 ~ 48 厘米，属于中小型猛禽。其中的灰脸鵟鹰（*Butastur indicus*）是国内最常见的一种，也是体型最大的一种，翼展可以达到 110 厘米。

你可能已经发现，从猛禽的中文名字里，我们经常能大致分辨出它们的类型，例如雀鹰、苍鹰应该是属于鹰属，白尾鹞、白腹鹞听名字就是鹞属的猛禽等等。有这样直观的命名方式，要归功于郑作新先生等中国老一辈鸟类学家，是科学家在对现代鸟类分类学以及中国古鸟名进行系统的研究之后，为鸟类确定了这样科学的中文名。那么，从灰脸鵟鹰这个名字里，我们又能看出哪些信息呢？

灰脸鵟鹰又会带着什么样的秘密呢？

灰脸鵟鹰（李航 摄）

灰脸鵟鹰头部

鵟鹰——从字面上看，它们应该是既像鵟而又像鹰。在前面几个章节里，我们分别介绍了鵟属和鹰属猛禽。你可能还记得，为了适应各自不同的捕食习惯和生活环境，鹰属猛禽拥有着宽短的翅膀和长长的尾巴，而鵟属猛禽则拥有着相对更加狭长的翅膀和短小的尾巴。那么，我们先来比较一下这三种猛禽。

普通鵟（宋晔 摄）　　　　　　　　灰脸鵟鹰　　　　　　　　雀鹰

　　看过这样一组照片，我们应该对灰脸鵟鹰的体型有一个直观的感觉了吧？它们长有鹰属猛禽类似的长尾巴，同时也长着鵟属猛禽类似后缘比较平直的狭长翅膀。看上去就好像换装了鵟属猛禽翅膀的鹰，这也就是它们名字的由来。

　　当然，灰脸鵟鹰可不是作坊里的"拼装车"，这一身"零件"当然不会是胡乱拼凑的结果，同样也是自然演化的结果。灰脸鵟鹰主要栖息于森林生境，尤其喜欢在针阔混交林、阔叶林林缘捕猎、生活。食性非常广泛，主要捕食大型昆虫、鼠类、蛙类，也会猎食蛇类甚至鸟类。

　　为了适应这多种多样的捕食需要，终于使它们具备了兼具鹰、鵟特点的身体结构。与鹰属猛禽类似，灰脸鵟鹰拥有相对更长的尾部，可以帮助它们灵活地在林地环境穿梭觅食；其胸腹部密布的棕色横纹，可以让它们更好地隐蔽于树冠掩映的森林中，防止被猎物发现。而类似于鵟属的相对平直而狭长的双翼，可以帮助它们更轻松的适应长距离的迁徙。如果说鹰属猛禽是穿梭在密林中隐密的杀手，而鵟属猛禽是旷野上的豪强，那么这个集二者强项于一身的"鵟鹰"，可算是一位艺不压身，善于"跨界"的多面手。从生态学的角度上说，灰脸鵟鹰具有更广的生态位宽度（niche breadth）。也就是说，它们可以利用多样性更强的环境资源。而其形态学上呈现出来的这种"混搭"画风，正是这种自然界物种演化的结果。

捕食蛇类的灰脸鵟鹰（李航 摄）

森林中生活的灰脸鵟鹰（李航 摄）

连横先生 1918 年所著《台湾通史》中有这样的记载："每年清明，有鹰成群，自南而北，至大甲溪畔铁砧山聚哭极哀，彰人称为南路鹰。"灰脸鵟鹰经常在聚集迁徙飞翔时发出响亮的"zei wei or"的叫声，就好像一群人在一起哭泣。而在每年清明前后，在台湾中部彰化县的八卦山地区，都会有大群的灰脸鵟鹰经过。与史料中的记载相比较，当地人称为"南路鹰"的老鹰，指的就是灰脸鵟鹰。而从前，由于当地人们有捕杀它们的习俗，在八卦山区，更有"南路鹰，来一万，死九千"的民谣，使南路鹰成了名副其实的"难路鹰"。好在，随着野生动物保育意识的提高，当地的捕鹰习俗早已经消失，又渐渐重现了南路鹰漫天飞舞的盛况。根据台湾鸟类学者在垦丁公园进行的一项研究记载，在当地秋季猛禽迁徙监测中，曾经在一天时间内记录到 9241 只灰脸鵟鹰，可谓数量相当惊人。

迁徙灰脸鵟鹰形成的"鹰河"（薄顺奇 摄）

灰脸鵟鹰

灰脸鵟鹰在北京属于常见的旅鸟，也会有少
量的夏候鸟。每年的春季它们从中国的长江中下游、
西南地区、台湾地区以及印度次大陆、中南半岛、苏
门答腊岛、加里曼丹岛等地出发，一路北上。在迁徙
的过程中，它们经常会集群迁徙。在北京的西山、华东
的南京和上海、华南的广西北海以及台湾的垦丁等地区，
经常可以看到它们成群结队迁徙的场景。运气好的时候，
还会看到成百上千只灰脸鵟鹰一起迁飞的壮观景象，它们
时而盘旋成"鹰柱"，一起借助气流升入高空，时而排列成奔腾的
"鹰河"，一路飞向远方。如果你有机会在迁徙季节来到这些地方，
一定不要错过欣赏大自然这宏伟壮丽的演出。

迁徙季节里，别忘了来看看这些艺不压身的跨界大师。

群飞的灰脸鵟鹰（李航 摄）

小贴士：生态位（ecological niche）

生态位，指物种在生态系统中的位置，包括其栖息地、取食
习惯、与其他物种的关系等。两个物种不能在相同环境中占据同
样的生态位，否则，会通过竞争来限制一方的生存。在本节灰脸
鵟鹰的例子中，可以看出，它们在取食的多样性、栖息地选择等
方面都呈现出介于鹰属和鵟属之间的不同特点。这些不同之处就
使它们在自然系统中占据着不同的生态位，从而保证了这些"类似"
物种的繁衍生息。

6 暗夜游侠，来去无踪——
鸮形目

◎ 6.1 鸮形目猛禽概述

鸮形目猛禽有一个我们更为熟悉的名字——猫头鹰。这是一类非常喜欢在暗夜里活动的鸟类。可以说它们是鸟类世界里的一朵奇葩。分类上，鸮形目又分成了两个科，即草鸮科和鸱鸮科；再往细分，又分为 27 个属，大约 210 种。它们看上去都有几个相似的地方，首先它们与鹰形目或隼形目猛禽一样，都有鹰那样的勾嘴和利爪，是捕食性的鸟类；另一个就是它们很有个性的一个特征——都有个"猫脸"。可好好的一个鸟，为啥要长个"猫脸"？让我们先来看看这张脸长成啥样子。

纵纹腹小鸮（宋晔 摄）

长耳鸮，是一种在北京相对常见的冬候鸟。我们可以看出它不仅仅有一张"猫脸"，甚至长出两只夸张的"猫"耳朵！其实，这两个"耳朵"和真正的耳朵没什么关系。长耳鸮的耳朵埋在两颊的羽毛之下，而头顶的这两簇耳羽至多就是表现一下心情的装饰罢了（高兴或者紧张就立起来）。"耳朵"是装饰，而这一张"猫脸"可是有大学问的！其实，猫头鹰的脸也没那么平，我们看到的这张大平脸主要是因为它们脸部周围的羽毛会呈放射状的生长，形成扁平的脸盘。为什么它们要长出这样的羽毛呢？原来，长这样的一个脸盘可以帮助猫头鹰听清声音，借此找到猎物！简单说，这就好像猫头鹰们长了一个能收集声音的"雷达"脸！这种结构可以帮助将声波汇聚到猫头鹰的耳朵，定位猎物的位置。在前面鹞属猛禽的介绍中，我们知道了它们也有着一张可以帮助收集声波的脸盘，可相比之下，猫头鹰绝对是张大脸盘子了！

长耳鸮（高翔 摄）

问题来了，传说中猫头鹰的夜视能力超强，那么听清楚声音，对猫头鹰那么重要吗？答案是肯定的，暗夜里，光线总没有声音来的真切。所以，作为主要在黑夜里活动和捕食的动物，能准确高效地利用声音，会给生活带来巨大的便利。具体到猫头鹰，它们不仅配套了一个大脸盘子，甚至耳孔也长得与众不同！我们先来看看它们的头骨。

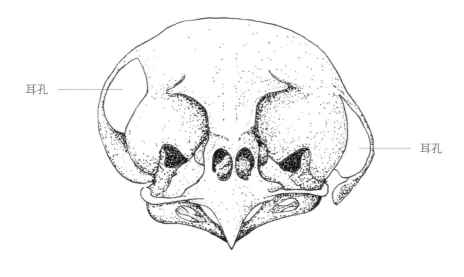

耳孔

耳孔

猫头鹰的头骨模式

左右两个"大洞"便是它们的耳孔，仔细看这对耳孔是不是有些奇怪，一上一下好像畸形了一样！的确，你没看错！但它们并没有"畸形"，很多的猫头鹰就是长了上下不对称的两个耳朵！原来，这样一对怪异的耳朵，不仅仅能分辨声音来源的左右，而且能准确辨别声音的上下位置！这样一来，凭借这张"雷达"脸，加上超强的声音方位分辨能力，在伸手不见五指的黑夜里，猫头鹰就化身为本领高强的"暗夜游侠"自由地飞行、捕猎。

好了，接下来我们就来看几种北京常见的猫头鹰，看看它们各自有着什么高超的本领吧。

◎ 6.2 静夜电波——红角鸮

说到北京的鸮形目猛禽，我觉得最容易"看见"的一种应该就是红角鸮（*Otus sunia*）。你可能会觉得奇怪，这么"常见"的猫头鹰我为什么从没有见过呢？其实原因很简单，那就是通常我们也会像猫头鹰一样，更多的时候会用耳朵"遇见"它们。

我十几岁的时候，每年夏天都会听到一种奇怪的声音。这是一种"咕呜—咕—咕咕"的声音，在寂静的夜里显得格外洪亮。也许是小时候"打仗片"看多了，我老觉得的是有个神秘的电台，每到夜里就在不断地发送密电。直到后来我开始观鸟，将这样的声音录下来请教老师后才知道，原来这是红角鸮在鸣叫。

红角鸮也叫东方角鸮，是一种小型鸱鸮科猛禽，站起来从头到尾还没有一瓶矿泉水高。说起它的叫声，还有一个很有趣的故事。在很早的时候，日本就有人注意到这种有趣的叫声，听上去很像日语里"佛、法、僧"三个词的发音。

你可以扫下面的二维码，真正地去听一听红角鸮的叫声，再和日语里"佛法僧"三个词的发音进行一下比较。是不是很相似呢？

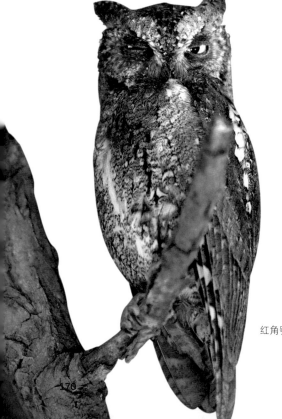

红角鸮（宋晔 摄）

红脚鸮叫声的故事

（故事讲述：河本佳和）

三宝鸟（宋晔 摄）

　　更有趣的是，当时的人们没有真正找到是谁在这么鸣叫，却误以为这是 *Eurystomus orientalis* 这种鸟在叫，于是就用这个鸣叫的拟声词"ブッポウソウ"（意为：佛法僧）作为了这种鸟的日文名。后来虽然发现了错误，但还是"约定俗成"地将这个名字张冠李戴给了这种小鸟。再到后来，在给这个 *Eurystomus orientalis* 拟定中文名时，则直接将它的日文俗名直译作为了中文名，这样一来就有了"三宝鸟"这个名字。而三宝鸟所在的这一个目则直接叫为"佛法僧目"。上面就是这个三宝鸟的样子。

这个故事描绘了人们认识自然的一段有趣的历史。红角鸮的声音相当容易听见，但它们的样子却不大容易被看到，我也是在一次散步中偶然发现了它们的行踪。与所有的鸮形目动物一样，它们也喜欢在夜间捕食。而在白天，总是站在树上，一动不动，好像是一根树枝。你看它们在这儿。

白天躲在树上的红角鸮

上页图中是一对红角鸮，就生活在我所在的小区附近，有时候走到这棵树下我就会抬起头看看它们。但为了不打扰到它们，我每一次都不会看得太久。即便如此，有时它们也会感觉到我的"威胁"。这种时候，它们经常会把全身的羽毛收紧，让自己变得更瘦，更像一根树枝。仿佛在默念"你看不见我，你看不见我……"每每此时，我经常忍俊不禁——"好了好了，我看不见你啦"，然后悄悄地离开。

红角鸮是一种十分"羞涩"的动物，但它们仍然是自然界里地地道道的掠食者，最喜欢捕食昆虫，也会吃蜈蚣、蜘蛛、小型鸟类以及小型哺乳类动物。在北京，它们每年在 4 月中下旬就会到来，然后选择疏林地带高大乔木上的天然树洞或者类似的位置筑巢。通常会产下 3 ～ 6 枚卵，然后孵化、育雏，直到秋天 9 月底左右迁离北京。让我们再仔细看一下站在巢口的红角鸮，怎么样？是不是很呆萌很可爱呢？

在旧中国，有种迷信的说法，说"不怕夜猫子叫，就怕夜猫子笑"，甚至至今也有人会认为猫头鹰是不祥之鸟，猫头鹰的鸣叫会带来霉运。现在你对它们有了更多的了解以后，会不会喜欢上这有趣的"小猫"呢？

总之，我是非常喜欢这些可爱的小猛禽的，每年的 4 ～ 5 月份，如果我迟迟还没有听到这熟悉的"电波"声，我就会感到疑惑，甚至会为这些小猫头鹰感到些许的不安，担心它们在迁徙的路上会不会遇到什么不测。直到那熟悉的"咕呜—咕—咕咕"又在漆黑的夜里回响，我才会心一笑，心里默念"欢迎你们回来"。虽然，我非常喜欢它们，也很清楚地知道它们生活的具体位置，但我却很少去看它们。原因就是猫头鹰是一种很"羞涩"的动物，用科学的说法，它们是一类应激反应很严重的鸟类。如果外界刺激太大，它们很可能会因此产生强烈的应激，造成严重的行为问题甚至直接导致死亡。

然而，由于长了这样一张讨人喜爱的外貌，又给它们招来了新的祸患。近几年来，随着一些国外媒体信息以及受到部分影视作品的影响，使得猫头鹰这类所谓"异宠"开始进入年轻人们的视野。在标新立异、彰显个性、爱慕虚荣等情绪的影响下，有人开始私自驯养猫头鹰这类猛禽。在一些视频里，猫头鹰们在"主人"的"爱抚"下眯起双眼昏昏欲睡，显得十分可爱。殊不知，这样一副"满足"的表情背后，猫头鹰的内心却是承受着巨大的压力。如果这样的刺激强度继续增加，它们很可能会死于应激反应。况且，要知道在中国，鸮形目的所有种都是国家 II 级保护野生动物，私自喂养它们的行为，不会因为你的所谓喜爱就变得合法。而它们本身，也不会因为你的"宠爱"而感到幸福。

所以，如果你真的喜欢它们，就请到大自然中去寻找它们吧，哪怕只是仔细地聆听这"暗夜的电波"，也会让你，让它们收获得更多。

大自然才是这些可爱"小猫"的家（赵寅钰 摄）

小贴士：应激（stress）

应激是个体对作用于其上的任何要求所做出的非特异性反应。这样的一个定义比较复杂，也不容易定量化地描述。我们可以简单理解为——受刺激了。而在这种威胁和刺激下，个体会产生一种叫做"一般适应症候群"（general adaptation syndrome）的反应。在这种反应的最初阶段称之为报警，此阶段交感神经系统活动增强，为机体的紧急活动做出了准备。如果刺激持续，机体将进入抵抗的状态，交感神经系统反应衰退，但是肾上腺皮质醇（cortisol）和其他激素开始分泌，这些激素可以使个体保持长时间的警惕，并有抗感染和治愈伤口的作用。如果这种刺激还没有消失甚至持续加强，个体将进入衰竭阶段。在这个阶段中，个体疲劳、脆弱，神经系统和免疫系统都不再有能量来维持如此强烈的反应。对于猫头鹰等猛禽以及大多数的野生动物来说，像人类近距离玩赏、触摸这样的长时间、高强度刺激，足以让它们进入衰竭期，甚至直接导致死亡。

◎ 6.3 鼠蝠杀手——长耳鸮

即使你对猫头鹰仍然有偏见，我想你也不会拒绝长耳鸮（*Asio otus*）这种动物。长着这么卡通的一对长"耳朵"，让它在"萌物"的道路上甩开其他鸮形目猛禽几个街区。其实长耳鸮的学名就完完全全地说明了它的这个特点，这个学名翻译过来就是"长着长耳朵的角鸮"。当然，正如前文中介绍过的，这对"耳朵"和真正的耳朵没什么关系，只是一撮随着心情"荡漾"的羽毛罢了。长耳鸮在北京的居留类型比较复杂，大部分的个体是北京的冬候鸟，迁徙季节也可以看到长途跋涉的旅鸟，同时也有数量很少的种群在北京繁殖。

长耳鸮曾经是北京最容易见到的猫头鹰之一。很多年以前，甚至在一些市中心的公园里就经常可以见到大量的长耳鸮。原来，这种猫头鹰有集群越冬的习性，经常聚集在一些取食相对方便的地方一起度过漫长的冬季。我们先来感受一下这是什么情景。

长耳鸮

数数看，松树里藏了几只鸮？（大好 摄）

试着数数看，在上页图片那棵油松上落着几只猫头鹰呢？再仔细找找看，里面可有一只不是长耳鸮呦，你能找到它吗？还没数过瘾？试试下面这张图？（答案见本节文末★）

集群越冬的长耳鸮（大好 摄）

　　每年的 11 月左右，随着来自西伯利亚的寒流不断南下，这些繁殖在东北、内蒙古及河北北部的猫头鹰就会成群结队地来到北京。也许是北京温暖的城市环境吸引了它们，也许是人类聚集所吸引的大量鼠类让这里成为长耳鸮们越冬的理想家园。

例如北京著名的天坛公园，就曾经是这些越冬长耳鸮的聚集之地。20 世纪 80 年代，在神厨北侧的古柏林里，最多可以记录到数十只越冬的长耳鸮。那么它们在这里是怎么熬过漫漫寒冬的呢？研究发现，这些猫头鹰靠捕食啮齿目、鼩鼱目、翼手目等小型哺乳动物以及雀形目小型鸟类等为生，"伙食"相当不错。我们知道，猫头鹰通常在野外捕食，它们抓捕猎物的情景不易被发现，那么这样的研究是怎么做到的呢？原来，猫头鹰有一个习惯，在它们大快朵颐的时候会扯开猎物，囫囵吞枣地连毛带骨一起吞下。然后将不能消化的部分再吐出来。这个部分叫做"吐余"或者"食丸"，里面包含着动物的骨骼及毛发，通过鉴定这些遗留物就可以对猫头鹰的取食做出精确的分析。

研究发现，在北京天坛公园生活的长耳鸮越冬期间的食物来源 40% 左右为啮齿目

长耳鸮正在吐出"食丸"（高翔 摄）

的鼠类，约 30% 为鸟类，没有想到的是还有约 30% 的翼手目动物（蝙蝠）。在冬天里我们不可能看到的蝙蝠，居然都能被长耳鸮抓到，也不知道是应该感慨猫头鹰的机智，还是感慨蝙蝠日子的艰难。好在，这些都是大自然寻常的一幕，我们"局外人"一旁看看热闹就好。

然而，关于这种长耳朵猫头鹰的故事，人类不能总是置身事外。近几年里，在天坛公园里可以见到的长耳鸮越来越少。2012 年冬季里的一天，我来到天坛神厨去寻找它们的身影，寻遍了整片树林，只找到了可怜的两只。而查阅自然之友野鸟会近几年的调查记录，我看到了这样一组统计数据。

近年天坛公园越冬长耳鸮数量

观察年份	越冬长耳鸮数量（只）
2000 ~ 2001	57
2006 ~ 2007	21
2007 ~ 2008	16
2008 ~ 2009	7
2009 ~ 2010	2
2011 ~ 2012	1
2012 ~ 2013	3
2013 ~ 2014	2
2014 ~ 2015	1
2015 ~ 2016	1
2016 ~ 2017	0
2017 ~ 2018	0
2018 ~ 2019	0
……	?

2012 年天坛公园形单影只的长耳鸮

从历史的数据来看，在天坛越冬的长耳鸮数量在不断减少。分析原因，可能是园区内环境整理后，鼠类和其他动物数量减少，造成长耳鸮食物不足；也可能是人类活动增加，导致长耳鸮"不堪其扰"一走了之。当然，还有一种可能是越冬种群的总体数量发生了较大的波动。总之，在我们为这些可爱的猫头鹰发出一次次感慨之余，也不妨为它们的生存多一点思考，为它们留出多一点点的空间。

长耳鸮（杜松翰 摄）

短耳鸮（吴健晖 摄）

　　在北京，有两种名字中含"耳鸮"的猫头鹰，一种就是长耳鸮，而另一种称作短耳鸮（*Asio flammeus*），顾名思义这是一种"耳朵"更短一点的猫头鹰。我们先来对比一下这两种猫头鹰。

长耳鸮（张明 摄）　　　　　　短耳鸮（吴健晖 摄）

这一较短长，立刻高下立现了吧？短耳鸮的耳朵还真不是一般的短。我们再从二者的飞行姿态来对比一下。

在这样的一组照片中，"耳朵"似乎都看不见了吧？看到这里你应该明白这一组羽毛和猫头鹰脑袋的关系了吧？不过，耳朵不是我们下面要讨论的重点。上面两张照片里的猫头鹰是不是很像？又有着什么不同呢？

从这两张照片中我们不难发现，相比之下长耳鸮的翅膀更加浑圆而短耳鸮的翅膀更加狭长。原来，长耳鸮更偏爱林地环境，而短耳鸮更喜欢空旷的荒滩或其他旷野。这就使得两种猫头鹰的翅膀呈现出类似鹰属猛禽与鹞属猛禽之间的"宽窄、长短"之别。

傍晚在湿地荒滩飞行的短耳鸮

长耳鸮雏鸟

　　长耳鸮喜欢生活在林地环境，筑巢和繁殖也偏好高大灌木。有趣的是，和隼形目猛禽类似，长耳鸮也喜欢抢占喜鹊、乌鸦等鸟类现成的大型巢穴。只不过，我猜这样的"鸠占鹊巢"恐怕会经常发生在晚上吧。记得一个初夏的晚上，我在一片幽静的林地里观察虫子，突然觉得一个巨大的黑影无声无息地从身边滑过，似乎落在不远处的树上。凭着经验，我感觉到这恐怕是一只长耳鸮。为了不打扰在夜间觅食的它们，我悄悄地记下位置转身离开。第二天清晨，我回到原地抬头一看——原来，在树冠上有一个巨大的巢穴，4只长耳鸮雏鸟正在怯生生地向下观望。

　　为了避免可能对这巢小猫头鹰带来的影响，我看看四下无人，赶紧拍摄两张照片匆匆离去，整个繁殖季再没有去打扰。我想，这么多年过去了，这巢小长耳鸮应该早已经"长大成人，子孙满堂"了吧，真心地祝福它们。

小贴士：食丸（pellet）

　　部分食肉鸟类可以通过胃肌组织将食物残块向下送入肠道的过滤器，然后把这些骨骼、羽毛……滚成一个"球"，再从胃里返吐出口外，形成食丸。特别是鸮形目鸟类这种行为更为普遍，而吐出来的食丸也成为研究这些猛禽食物组成和捕食行为的重要材料。

长耳鸮的食丸（高翔 摄）

　　答案：★松树上共有 4 只猫头鹰，右下角的一只是短耳鸮，其余都是长耳鸮；而柳树上一共藏了 12 只长耳鸮。

◎ 6.4 夜幕霸王——雕鸮

雕鸮（*Bubo bubo*）俗名恨狐、角鸱，是现生鸮形目动物中体型最大的物种之一，体长最大的达到 75 厘米，翼展接近 1.9 米，体重可以达到 4.6 千克。凭借着巨大的身形和凶猛的捕食能力，雕鸮成为名副其实的夜幕霸王。

雕鸮

中国和苏联邮票中出现的雕鸮

　　雕鸮广布于欧亚大陆，是这个地区非常具有代表性的鸮形目猛禽，被人们广泛地关注和喜爱，经常会出现在各国的邮票中。在全世界范围内，鸮形目鸟类都是各种文化中的重要形象。古希腊传说中，猫头鹰是智慧女神雅典娜的象征。所以，猫头鹰在西方文化中往往代表着智慧。现实中，纵纹腹小鸮的学名 *Athene noctua* 直译过来就是"雅典娜的小鸮"。

雅典娜的小鸮——纵纹腹小鸮（宋晔 摄）

在近代的中国文化中，鸮类往往被带上了"不祥之鸟"的印记。但在更早的年代里，鸮可是吉祥甚至是英武的象征。早在新石器时代，黄河流域的仰韶文化、马家窑文化、齐家文化、龙山文化，长江流域的石家河文化、良渚文化以及辽河流域的红山文化等诸多文化聚落遗址中，都出土了为数众多的鸮形器。

到了三千多年前的商代，鸮的形象更是出现在了尊、卣、壶、彝、罍等青铜器中，其中最著名的应该就是1976年河南安阳出土的"妇好鸮尊"。一般认为，商人将动作迅猛、敏捷的鸮视为可以克敌制胜的战神，所以备受推崇。在"妇好"这样一位商代著名女将军的墓中出土鸮尊，足以彰显其特殊的地位与功勋。

在商代，青铜器是国之重器，在众多的青铜器中出现鸮的形象应该绝非偶然。有研究者提出，《诗经·商颂·玄鸟》一篇中"天命玄鸟，降而生商"的"玄鸟"就是指鸮。也就是说，鸮是被作为商人祖先的图腾受到当时人们崇拜的。这与我们普遍认为的玄鸟指燕子或凤凰的观念大相径庭，但却与商代器物中罕有燕子或凤的形象，而普遍存在鸮类形象的现实相符。商人心中的鸮到底是什么样的一个地位和象征也许还会争论很久，但鸮在当时受到人们喜爱的情形却十分清晰。只是到了周早期以后，鸮的形象被越来越多地转为"不吉之兆"。到了春秋时期，《禽经》中说"枭在巢，母哺之。羽翼成，啄其母，翔也去"，在这里将"枭"（同"鸮"）描绘成了一种大逆不道、无情弑母的邪恶动物，实在是让猫头鹰背负了太多的不实恶名。

红山文化·玉鸮

商·妇好鸮尊

雕鸮在北京属于留鸟，经常生活在山地森林、荒野以及裸露的高山峭壁环境。白天它们经常会趴在峭壁上一动不动，与环境融为一体，很难被发现。在夜里经常会发出沉重的"poop"声，类似于"恨狐……恨狐……"叫声，很容易发现和辨识。雕鸮的学名 *Bubo bubo* 也正是这个鸣叫的拟声。

发现崖壁上的雕鸮了吗？

雕鸮的捕食能力惊人，主要猎食对象是鼠类。有研究表明，一只雕鸮在一个冬季就可以杀灭数以百计的老鼠，绝对是一个捕鼠好手。但你如果认为雕鸮只会捕捉小老鼠就太小瞧它们了，事实上雕鸮可以猎捕大到豪猪这样的哺乳动物，甚至可以猎杀狐狸、猫等肉食动物，就连同为猛禽的苍鹰、游隼以及鸳类都会进入它们的菜谱。

鼠类是雕鸮最常捕捉的猎物

夜幕中的捕猎大师——雕鸮

雕鸮强大的捕捉能力当然有赖于其健硕的身形，同时也必须依靠另外两个"大杀器"——强大的夜视能力以及悄无声息的飞行。

与昼行性猛禽不同，虽然都长有一双巨大的筒状眼球，但猫头鹰眼球拥有更大曲率的角膜和晶状体，瞳孔巨大，能进入更多的光线，同时内侧的视网膜上感受微光的视杆细胞远多于视锥细胞，而感受微光的微光色素比昼行性鸟类多了25倍。这就好比是给数码相机配上了超高感光度（ISO）的成像传感器，可以帮助它们在黑暗的夜里看清猎物。

为了在黑暗的夜里达到突然袭击的目的，不仅要先于猎物观察到对方的行踪，还要在一片寂静的环境中发起突然袭击，避免被对手听到。为此，雕鸮还发展出了一些更神奇的适应。鸮形目猛禽的羽毛非常柔软，摸上去就像是上好的丝绒面料。在飞羽的边缘，也会长有栉状的小枝。这些羽毛的特殊结构，都可以帮助猫头鹰在飞行时避免空气扰动产生的声音，以达到"无声"飞行的效果。

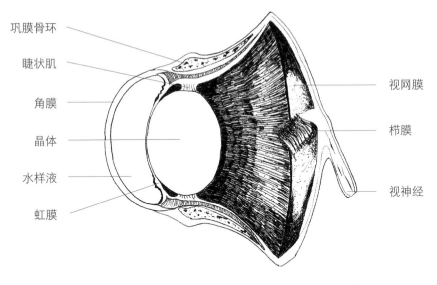

巩膜骨环

睫状肌

角膜

晶体

水样液

虹膜

视网膜

栉膜

视神经

鸮形目鸟类眼球模式图

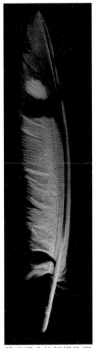

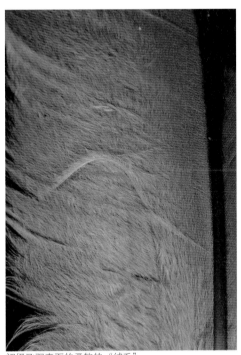

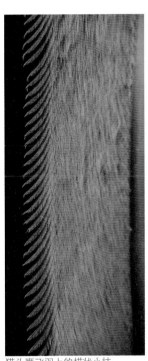

鸮类猛禽的初级飞羽 | 初级飞羽表面的柔软的"绒毛" | 猫头鹰飞羽上的栉状小枝

悄无声息飞行中的雕鸮

现在已经有学者将鸮类羽毛的这种结构应用于减少轴流风机扇叶噪声的仿生学研究，经过实验可以将风扇转动时的噪声降低大约 10%。看来比起现实中的猫头鹰，科学家的仿生学之路显然还会很长。相信你真正体验了雕鸮滑过的无声震撼以后，一定会对自然造物的神奇发出由衷的感叹。衷心地祝福这些暗夜的王者，可以更长久地称霸在月朗星稀的夜空之中。

雕鸮雏鸟（叶航 摄）

小贴士：适应（adaptation）

　　生物有机体各层次的结构适合于一定功能的实现，这些功能适合于该生物在一定环境中的生存；这种适合的状态、调节机制和形成过程泛称为适应。本节中提到的雕鸮等猫头鹰身体中的特殊结构，从不对称的耳孔产生的三维听觉，到巨大筒状眼球和丰富视杆细胞带来的强大夜视能力，再到巨大身形和特殊结构的羽毛，都是它们因为特殊的捕食环境而产生的适应。而正是因为这些适应，才造就了雕鸮这名副其实的"暗夜霸王"。

雕鸮（杨杰 摄）

7

王者行天下
寻猛有妙方

◎如何科学地观察猛禽

在看到了猛禽的种种神奇之处以后，了解了在北京观赏猛禽的种种天时地利之后，你是不是已经跃跃欲试，要冲进大自然里去寻找这些天空的王者了呢？稍安勿躁，磨刀不误砍柴功，了解以下这些要点，将对你顺利地踏上观猛之路大有帮助。

◇何谓观鸟？

观鸟（bird watching）即直接用眼或借助望远镜等光学设备观看野生状态下的鸟类，通过眼看、耳听，识别、解读鸟类的外观形态、行为习性、栖息环境，是一项世界盛行的的户外活动。观鸟兴起于英国、兴旺于美国，在美国全年有超过6000万人次参加观鸟或进行观鸟旅游，其人数超过狩猎、钓鱼、高尔夫运动，成为仅次于园艺的第二大户外运动。很多西方国家每年都有数百万人在观鸟。近年，日本、泰国、新加坡、马来西亚及我国港澳台地区的观鸟之风也是方兴未艾。近20年来，观鸟活动开始在北京及沿海城市逐渐流行开来。在民间团体、高校以及更多有识之士的大力推动下，越来越多的公众参与到观鸟的行列中，开始举起望远镜领略自然的神奇。

笔者带领亲子家庭在十渡观鸟（李嘉 摄）

◇永远将野鸟的利益放在前面!

这几年,随着观鸟、摄鸟爱好者队伍的壮大,在一些野鸟聚集的公园、风景区,我们有时会看到这样的一些景象:

公园里几十个人举着"长枪短炮"围在一起,观赏和拍摄野鸟,有越来越多的人用镜头去记录鸟类美丽的身影,分享给更多的人来了解和关爱野生动物,这本来是一件很令人开心的事情。然而,如果你注意观察,会发现在其中的一些时候,出现了一些奇怪的画面。比如,会有人在树枝、花朵上挂上虫子,招引野鸟"入镜"。有时候还会有人将虫子用大头针挂在半空,捕捉飞鸟凌空捕食的"精彩瞬间"。在一些极端的时候,鸟类的拍摄者甚至为了拍到亲鸟哺育雏鸟的画面,人为剪去茂密的枝叶,将原本隐秘在树丛之中的鸟巢暴露在大庭广众之下……这些行为,很有可能造成鸟类自然行为的改变,影响鸟类健康,甚至会造成幼鸟暴露在恶劣自然环境以及天敌面前,直接危及野鸟的生命。这样的行为,为了获得所谓的"美图",完全将野鸟的利益抛之脑后,违背了观鸟这项活动的初衷和基本准则。

对于一个真正的观鸟者来说,"永远将野鸟的利益放在前面"这句话是所有行动不能逾越的"红线"。所以,在你踏入观鸟大门之前,请永远记住并自觉遵守这条基本准则。

公园里的"炮阵"

诱拍

诱拍

诱拍被滥用会对野鸟造成不良的影响

◇欲行其事，必利其器

如果想更仔细地观察猛禽，一部趁手的望远镜是必需的。由于我们通常观察到的猛禽都是在天空中飞行的状态，所以适合观猛的望远镜首推 8 ～ 10 倍的双筒望远镜。倍数更大的单筒望远镜由于视野过窄以及不易手持使用的原因，并不适合初学者在野外观察猛禽。观鸟望远镜品牌及规格繁多，价格也是从几百元到几万元不等。但在选择上还是有这样几点可以参考和注意的。首先，选择国内外知名的大品牌观鸟望远镜，尤其是德国、奥地利以及日本等老牌光学产品厂家出品的顶级望远镜，无疑会对你的观察带来很大的帮助。这些厂家的产品通常会有不同的产品线，顶级和入门级产品价格相差非常大，但其技术和加工工艺一般都是比较成熟和优秀的。所以，在购买时可以根据自己的需要合理选择。如果不想一次性投入过多的资金，也完全可以选择国内大厂生产的观鸟镜产品。近些年来，随着国内观鸟人群的增加，不少厂商也制造出了很多物美价廉的优质望远镜。在选择这些产品时，可以多问问有观鸟经验的朋友，他们会给你很多实用的经验，帮你选择一款适合的望远镜。但有一点一定注意，千万不要相信某些噱头满满又便宜得"吓人"的望远镜。如果误选了这些产品，只会让你的观鸟兴趣大打折扣。

◇找对生境，事半功倍

好了，有了观察利器，该如何寻找猛禽呢？这里面还是有很多窍门的。首先，是要对不同猛禽的生活环境以及行为规律有深入的了解。不同类型的猛禽其栖息的环境是不一样的。对那些喜欢山林的鹰属猛禽或者迁徙过境的猛禽，就应该在山地环境寻找，在找的时候留意山脊线的位置，往往可以看到盘旋的猛禽。而对鹞属猛禽，就要根据其栖息的环境到大面积的湿地、苇塘中寻找，在那里很可能会找到它们飘逸飞行的身影。对于雕属以及鹭类这种体型很大的猛禽，我们就要知道只有在上升气流比较好的条件下，才利于它们起飞。比如在冬季里，一些不结冰的河谷陡崖附近，午后往往是观察它们的最好时段。另外，对于鸮形目猛禽，由于其昼伏夜出的生活习性，白天它们往往会静悄悄地站在树丛中一动不动，而傍晚才会开始集中活动、觅食，这个时候才是找到它们的好时机。

冬季午后山谷里的秃鹫

◇科学接近，互相尊重

要接近野鸟以便更好地观察它们，首先要学会观察鸟类的行为举止，了解哪些行为会让鸟不安或干扰。每一种鸟类都有自己的"安全距离"。如果你进入这个安全距离，鸟类就会表现出不安。比如，原本正在取食的鸟类突然抬头观望，原本羽毛舒展、蓬松的鸟类突然收紧全身的羽毛等等，这些现象表示眼前的这只野鸟已经感觉到你对它们存在威胁。在这种情况下，你需要停止前进，放低姿态保持静止状态，不要一直注视它们。也许过一段时间，它们就会放松警惕，继续安然自得地活动。如果你有足够耐心，等到它们完全把你当做环境的一部分时，它们甚至会慢慢走近你，在你的面前"表演"。

迁徙路线上迎面飞来的灰脸鵟鹰

　　我们已经知道，在北京可以看到的猛禽很多是路过的行者。那么只要在迁徙季节里，你早早地守候在它们迁徙的必经之路上，很有可能看到从你头顶飘然而过的猛禽。在每年的 4 月和 5 月，9 月和 10 月，是猛禽集中迁徙经过北京的"黄金时段"。在这样的时间里，在北京西山的千灵山、香山、百望山、鹫峰等地，不需要走太远的路，只要爬上一处视线遮挡较少的山顶，耐心观察，总会有所收获。

　　好了，在了解了这么多的方法和窍门以后，你和这些天空王者之间也许只差走出家门这一步了。

◎北京观猛地图

为了更好地帮助大家找到北京栖息的猛禽们，在这里也梳理了部分北京的著名观猛点，相信大家参照这样一张"北京观猛地图"按图索骥一定可以有所发现。好了，让我们带着一颗激动而敬畏的心，一起出发，去大自然里发现猛禽更多的奇妙与感动吧。

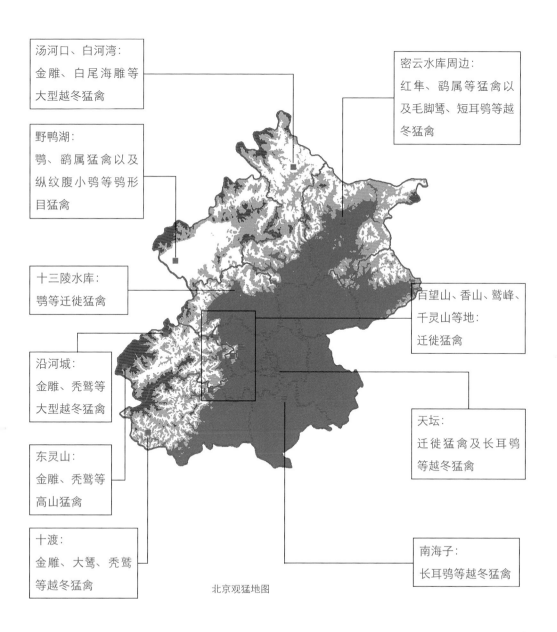

汤河口、白河湾：
金雕、白尾海雕等
大型越冬猛禽

密云水库周边：
红隼、鸮属等猛禽以
及毛脚鵟、短耳鸮等越
冬猛禽

野鸭湖：
鹗、鸮属猛禽以及
纵纹腹小鸮等鸮形
目猛禽

十三陵水库：
鹗等迁徙猛禽

百望山、香山、鹫峰、
千灵山等地：
迁徙猛禽

沿河城：
金雕、秃鹫等
大型越冬猛禽

东灵山：
金雕、秃鹫等
高山猛禽

天坛：
迁徙猛禽及长耳鸮
等越冬猛禽

十渡：
金雕、大鵟、秃鹫
等越冬猛禽

南海子：
长耳鸮等越冬猛禽

北京观猛地图

8 情暖天空——
走进北京猛禽救助中心

　　猛禽在我们的心里经常是一副高傲勇猛、不可一世的神气样子。可是现实中，它们的生活却又经常是旦夕祸福，岌岌可危。在了解了这些天空王者生活的方方面面以后，你会不会为它们的生存状况感到忧虑呢？它们遇到狂风暴雨了怎么办？它们受伤了怎么办？它们遇到了坏人又怎么办呢？

　　猛禽的世界里的确会遇到各种各样的生存危机，而且有很多是我们无论如何也没有办法避免的。比如说恶劣的天气会造成猛禽在迁徙中迷航甚至折损，会让出生不久的雏鸟受伤甚至死亡；比如猛禽在自然环境中因为自身状况甚至纯粹就是因为意外造成受伤；再比如猛禽也会有"生老病死"。面对这些，我们无能为力，但这些都是大自然的选择，更是漫长演化历程中再平常不过的一个片段，我们实在不必太过忧心。

　　随着人类文明的发展，生态文明理念深入人心，越来越多的人开始意识到我们和环境应该建立起更加和谐的关系，应该学会与地球村的其他居民共享更加美好的未来。猛禽这种位于食物链顶端，数量稀少，对维护生态平衡起着至关重要作用的野生动物类群，获得了更多的关注。基于《濒危野生动植物种国际贸易公约》（CITES），我国的所有猛禽均属于国家Ⅰ级或Ⅱ级重点保护野生动物，它们也得到了人类更多的保护。在北京就有这样一家专业救助猛禽的机构——北京猛禽救助中心。这里有着先进的康复、救助理念和技术，有着精心设计的康复笼舍和专业的救助设备。这里专门接收因为各种原因受伤、患病或者遭遇意外的猛禽。在这里，还工作着一群可敬可爱的猛禽康复师。她们在用自己的专业、爱心、青春和汗水，为这些"折翼"的王者重返蓝天而不懈努力。下面我就带领大家一起走进神秘的救助中心，去看一看，去听一听，这里都发生了哪些有趣而感人的故事。

接受康复治疗的受伤金雕——曾经的王中之王有点"威风不再"

北京猛禽救助中心外景（北京猛禽救助中心供图）

　　在北京这座喧嚣的国际大都市中，就在热闹的市中心，坐落着这样一个静谧的小院子。而在这个鲜为人知的小院里，就建有一个功能全面、与国际接轨的猛禽专业救助机构——北京猛禽救助中心（Beijing Raptor Rescue Center，简称BRRC）。

　　20世纪90年代末期，北京海关罚没了大批走私的猛禽活体，其中的一部分因为健康状况不良，无法直接放归自然，急需一所专门的单位救助和安置这些特殊的病号。猛禽具有的重要生态地位和较高的保护等级，对于整个生态系统的平衡很重要。而北京就自然分布着很多种猛禽，同时又是猛禽迁徙的重要通道。考虑到这些因素，就由北京师范大学、北京市野生动物保护自然保护区管理站与国际爱护动物基金会（IFAW）合作，于2001年在北京师范大学生物园内建立了北京猛禽救助中心（以下简称"中心"）。中心是北京市园林绿化局指定的"专项猛禽救助中心"，也是国内第一家由高校、政府主管部门与民间机构合作成立的野生动物专项救助机构。

　　这里每年都会救助大量因为各种各样原因受伤、得病的猛禽。我们先来看看住在这里的病号。

　　这是一只受伤了的苍鹰。你可能会觉得奇怪，为什么好好的照片会有一个黑圈圈？要知道，这个可是中心特别设计的"窥视孔"。

"病房"中的苍鹰

这样的病房是不是和你想象中不太一样呢？似乎完全看不到病号的状态嘛。这就是中心刻意设计的结果。原来猛禽是一种应激反应很强烈的野生动物，如果经常发现人类在四周活动，对它们的康复会有很大的危害。所以这里的病房并不会让住在里面的猛禽观察到四周人类的活动。看到门口黄色的小圆盘了吗？转开以后就会有一个小洞，人们只有通过那里才能直接看到里面的情况，而之前的那张照片也是从这个小洞拍摄的。怎么样，这个设计可谓用心吧？然而中心做的远不止如此，你看，现在为了更少地接近猛禽，让它能更安心地休养。病房里又安装了监控设备，可以让康复师远距离地观察病号的一举一动。

中心的室外病房

康复师正在通过视频监视系
统观察猛禽状况（北京猛禽
救助中心供图）

①正在检查体重的苍鹰

②康复师为受伤的红隼抽取血样时，将其头部遮盖，以减少应激

③救助中心的室内病房

④病房中的栖架

为了减小猛禽的应激反应，这里可谓是想尽了办法。这些办法体现在检查、治疗、观察等各个方面。图①是在为一只苍鹰称体重，看上去仿佛成了一只长着腿的"粽子"。别看这样一个呆萌的小装置，却可以让待在里面的猛禽舒适安静地接受检查。再比如在治疗过程中，除非是检查猛禽的头部，康复师们都会用柔软的毛巾遮住猛禽的眼睛，以减少它们的应激反应（图②）。

走进中心，感觉就是进入了一家功能齐备的医院，这里在建设之初就根据猛禽救助的需要进行了很多有针对性的设计。刚才我们看到的室外笼舍其实是中心轻伤或者已经接近痊愈的患者康复居住的地方。在那里，它们有更大的活动空间，康复师们会根据病情尽量减少对它们的打扰，更多的是给它们一个自由恢复的空间，为它们尽早回归野外打基础。而在室内笼舍区，则是重病患者的病房，由于这些猛禽身体更加虚弱，室内病房也相应地提供着更加利于治疗的温湿度环境（图③）。

在这些病房里不仅环境更加舒适，而且还设置了不同高度的栖架，方便病患选择适合的位置停息（图④）。这里住着的可都是些重伤员，为了它们的健康，没有中心的授权是不能接近它们的。这样的要求我当然百分百支持，只要它们好，我的好奇心完全可以就此打住，相信你一定也会理解的吧。

难道这里的故事就讲完了？那怎么可能，有意思的还有好多呢。

还记得前面提到的那只苍鹰吗？想不想知道它得了什么病呢？我们来做个检查。

康复师刚把它"请"进治疗室，看到后面的大抄子了吗？可以脑补一下"抓蝴蝶"（未经过专业训练，请勿模仿）……闲言少叙，开始检查。

刚刚从病房中"请"出来的苍鹰

尾羽——不错。

检查尾羽

翅膀——挺好。

飞羽检查

足部检查

喙部检查

喙部整形治疗

喙部整形治疗

脚丫子——蛮好，只是……苍鹰同学，你昨天洗脚了？

开玩笑开玩笑，看上去都不错，那这只苍鹰到底得了什么病呢？

咦？这只老鹰嘴怎么还没有我家鹦鹉嘴大？！看到这张照片你是不是明白点了什么呢（正常猛禽的嘴部应是强健锋利，尖端成钩状）。原来这只苍鹰的上喙折断了，被热心的市民发现，及时联系了救助中心。在这里，这只可怜又幸运的苍鹰可算是得救了。不仅有吃有喝体重恢复了不少，而且康复师们还在密切关注着它折断的喙的生长情况。你看，为了让苍鹰的喙部尽快恢复应有的形状，康复师们还得客串"牙医"的角色，定期对它进行"正畸"。你看，只要有帮助，什么指甲刀、打磨器能用的都得用上。

再来看看这只猫头鹰，它的名字是纵纹腹小鸮，是一种北京相对常见的小型猫头鹰。这只猫头鹰也是因为某种原因撞在了其他东西上，撞伤了眼睛，当时身体非常虚弱，被发现后送到了中心。

受伤的纵纹腹小鸮

虽然康复师们竭尽所能，但由于伤势过重还是没有保住它受伤的左眼。不过幸运的是，这只坚强的小鸮终于战胜了炎症和其他并发症，顽强地活了下来，正在努力恢复体能。由于猫头鹰的捕猎和生存还依赖着听觉这个独门秘籍，所以在国际通行的放飞准则中，失去单侧眼球的猫头鹰依然符合野放的标准。不知道它的受伤是否和人类有关，但看到这一幕，真心希望这只命运多舛的小鸮能够在人类的帮助下重返蓝天。

康复师正在为纵纹腹小鸮受伤的左眼上药

中心接收和救助来自北京和周边附近地区各种伤病的猛禽，拥有丰富多样的先进救助设备和设施。

截至 2018 年 8 月，中心已经救治各种猛禽 4900 余只，依托着完善、先进的救助设施和专业的救助技术，救助成功后的放飞率更是达到了 53% 这样的国际水平。在接诊救治猛禽的同时，中心还承担着宣传猛禽保护知识、开展环境教育活动的工作职能。中心成立以来，开展了课堂讲座、中心参观、野外观鸟、户外宣传等各种形式的环境教育活动 700 余场，帮助参与者了解中心工作、动物福利理念，提高环境及野生动物保护意识。

经过近 20 年的发展，北京猛禽救助中心无论从猛禽救助数量、救助成功放飞率、救助技术研究与推广等技术层面，还是在环境教育与媒体影响等软实力方面，都已经成为国内领先并与国际接轨的专业猛禽救助机构。同时，中心还与北京师范大学等多所科研院校联手，在猛禽体内重金属及寄生虫研究、猛禽 DNA 性别鉴定等方面进行了科学研究，并将研究成果应用于救助工作和生态保护等领域。未来，北京猛禽救助中心还将继续在猛禽行为研究、救治猛禽康复放飞后监测、猛禽软放飞等多方面开展研究，力求更科学、更高效地对伤病猛禽进行救助。

猛禽重症患者专用的监护仓（ICU）

猛禽的手术台

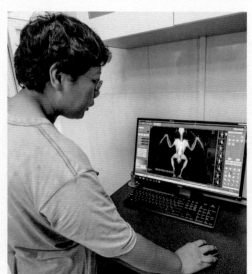

猛禽专用的 X 光检查室

北京猛禽救助中心可以成功地帮助这么多受伤猛禽回归天空，光有良好的硬件设施还是远远不够的，还有赖于一个特殊的工作团队——猛禽康复师。

北京猛禽救助中心目前在职的康复师只有5人，都接受过动物医学相关专业的高等教育，具备非常强的专业技术水平，可以说在国内猛禽救助领域，个个都是业内翘楚。在最繁忙的时候，他们一个月就收治猛禽病患97只，这就意味着每天新收病号3名。大家可以想象看，这样的强度，没有高超的专业素养，要达到如此之高的康复放飞率，难度可想而知。

然而，在与他们短暂相处一段时间以后，我发现，他们并非仅仅是医术高超的妙手神医，更是一群真心热爱野生动物的"白衣天使"。每一只来到中心的猛禽都有一套完整的病历档案，康复师们会一起制定治疗方案，按照治疗计划实施救治，并根据康复情况适时调整康复治疗方案。在治疗时，他们面对猛禽时目光里传递出来的深情令人动容，举手投足间满是对这些伤病动物的怜爱和责任。

康复师们忙碌的背影

为这只红隼抽血以后，康复师指下的棉块压了很久很久……

在给这只红隼修剪过长的喙时，康复师的手指轻巧地扶住了小家伙的头

给这只脚趾受伤的红隼喂药时，康复师的表情就像是在照顾自己的孩子

康复师们正在进行治疗前的准备

被非法饲养的日本松雀鹰（戴子
越 摄）

脚垫病是笼养猛禽的常见严重疾病

　　康复师们告诉我，在中心救助的猛禽中，有相当高的比例是因为人为因素造成的损伤。而在这些人为因素中，非法猎捕、买卖和人为饲养造成了绝大多数的猛禽伤病。

　　在救助非法饲养的猛禽时，康复师们非常担心的就是一种叫脚垫病（BBF）的严重疾病。这种病在自然条件下很少发生，而在笼养条件下，超重、运动不足、过多的站立等原因，会导致猛禽足部受过多压力，血液循环不畅最终患病。而猛禽的脚垫病又是一种治疗非常困难的疾病，特别是在晚期或者复发期，真可以称为猛禽的"不治之症"。

每当面对这样的病号，康复师们都非常难过，也更加痛恨那些打着"爱鹰"名义非法饲养猛禽的人。所以，如果你真的爱这些天空的王者，永远记得，猛禽不是某个人的宠物，也不是谁家餐桌上的美味，更不是哪位"名医"的药方。只有大自然才是它们真正的家。做到不饲养、不捕捉、不购买猛禽，不食用或者使用任何野生动物及其制品，是我们每一个人都应该做到的。

另外，每一年的繁殖季节里，都会有大量的雏幼鸟送到这里。但康复师告诉我们，不要随意捡拾猛禽的雏幼鸟，应该让它们的亲鸟（父母）继续照顾它们。这也是最容易让我们"好心办了坏事"的地方。随着环保意识的提高，很多人开始关爱野鸟，尤其是见到了"毛茸茸"的雏鸟，往往更是怜爱有加，经常是赶紧捡起来"救助"，殊不知这可能会伤害到野鸟。像每年送到救助中心的这些雏幼鸟应该还算是非常幸运了，如果把这些年幼的鸟类带回家"救助"那可是彻底毁了它们的一生。这些雏鸟很可能会因为不当饲喂而产生的严重营养失衡以及"印痕行为"等永远失去返回自然、重归族群的机会。正确的方法是，如果雏鸟可以稳定地站立，则使用木棍或长杆将它们送回巢附近的树枝上，然后躲在远处隐蔽观察一段时间，如果亲鸟已经回巢哺育雏鸟，就可以放心离开。如果小鸟已经受伤、不能站立，或者周围环境存在流浪猫狗等不安全因素时，则需要联系专业救助机构接走雏鸟。

赤腹鹰雏鸟，年幼的猛禽羽翼未丰很容易因为各种情况落巢（余凤忠 摄）

另外，如果发现受困、受伤、生病的猛禽，请不要自行喂养，尽快联系北京猛禽救助中心（热线电话：010-62205666）或其他专业救助机构。如果猛禽误入厂房或其他建筑物内，不要自行捕捉。可以在白天关闭室内灯具，打开门窗，撤离人员，让猛禽自行离开。如果发现猛禽落网（捕鸟网、防鸟网等），不要轻易摘除缠绕在鸟身体上的网具，避免猛禽挣扎对自己或对救助人造成伤害，可以联系救助中心进行处理。如果距离较远，或者猛禽状况很差，可以用毛巾等柔软避光织物遮盖猛禽头部，将缠绕在猛禽身体上的网具大片剪下，一起送救助中心处理。

如果发现野外的猛禽出现肢骨折断无法起飞、眼球外伤、精神萎靡、尾羽或飞羽严重破损（或剪短）、跗跖上带有皮带或者铁链等异常情况时，需要尽快联系救助中心，并使用大块的毛巾将猛禽头部覆盖，减少它们的应激反应，将其置于大小合适的纸箱内（纸箱大小以猛禽可以站立但不容易转身为宜），并在纸箱底部垫上毛巾等干燥缓冲物，在侧面上部及顶部打出部分通气孔。如果猛禽可以自行站立，且运输时间较长，可以在箱子底部增加木质栖架，方便猛禽以面向行车方向的姿势站立于栖架上。然后，尽快配合救助中心转移受伤猛禽。一定注意——要快，要快，要快！千万不要耽误救治的最好时机。康复师告诉我们，这种因为误以为猛禽伤病不严重，自己把猛禽带回家"救助"的情况，经常会造成病情的延误，一旦错过最佳的救治时机，往往会给猛禽造成严重的伤害。

康复师还告诉我们，如果你可以投入更多的精力和时间，准备为猛禽做更多工作，

撞网的纵纹腹小鸮，处理不当很容易对猛禽造成二次伤害（麻再兴 摄）

救助中心的专用运输箱（需要时可以使用纸箱改造）

那么你可以申请成为救助中心的志愿者。通过学习掌握必要的技能，然后参与到猛禽救助、保护宣传和科学研究等工作中去，为猛禽保护做出更多的贡献。还可以积极参与观鸟和爱鸟宣传活动，让更多的人了解猛禽，关注野生动物的生活，营造爱鸟护鸟的社会氛围，这也是帮助猛禽的一个很好的途径。随着中心各项专业的救助技术已经达到了一定的水平，康复师们以及中心的工作人员发现，开展更广泛更深入的环境科普教育，让更多人明白猛禽保护的重要意义，从内心里珍爱大自然，也许是更重要的一条救助之路。

在北京有很多民间的观鸟组织，会经常性地面向公众开展各种各样的观鸟活动。比如自然之友野鸟会每周都会组织公益性的普及型观鸟活动，开展针对天坛公园、圆明园、北京植物园、奥林匹克森林公园等市区公园的鸟类调查活动，欢迎更多的朋友可以参与观鸟活动，体验大自然的神奇。爱鸟的人多了，对自然环境的保护力度增强了，也就是为猛禽的保护做出了一份贡献。

将受伤的猛禽最终放归蓝天，让这些天空的王者可以回归大自然，自由翱翔，发挥它们应有的生态作用，是中心每一个工作人员最大的心愿。在我即将离开时，中心的康复师和工作人员跟我说，虽然大家已经在中心工作了很久，经历了太多的悲欢离合，但那份初心从未曾改变，每当看到被救助的猛禽腾空而起，奋力冲向蓝天的时候，都会情不自禁地流下眼泪……听着他们的心声，不禁令人动容。

真心感谢北京猛禽救助中心，真诚地致敬这些可敬可爱的康复师们，是你们给了这些受伤的王者重回蓝天的希望。相信它们再次回来，俯瞰三环路时，一定也在寻找着那一座不起眼的小院，向你们致以大自然最诚挚的敬礼。

康复的鹗被放归蓝天（北京猛禽救助中心供图）

北京猛禽救助中心康复师将康复长耳鸮放归野外

9 为王者护航——
北京迁徙猛禽监测项目简介

　　北京是猛禽迁徙的重要驿站，也是它们繁殖或者越冬的重要栖息地。因此，对于观察猛禽而言，北京拥有着得天独厚的地理条件。北京也是国内开展群众性观鸟最早的城市之一，早在1996年，就成立了中国大陆第一个群众性观鸟组织——自然之友野鸟会。之后，各种观鸟组织如雨后春笋般茁壮成长，培养了一大批观鸟爱好者。

　　2012年，由自然之友野鸟会策划，并由资深猛禽观察专家——宋晔牵头组织实施了"北京迁徙猛禽监测调查项目"。项目旨在用科学的观察和记录方法，对迁徙经过北京西山地区的隼形目及鹰形目猛禽进行调查，摸清它们的迁徙规律和种群数量变化情况，为科学地保护这些濒危的野生动物提供重要的基础数据。调查项目培训了一批观鸟者，在北京西山的百望山、望京楼等地建立了观察点，通过野外观察辨识、影像记录分析等手段，以样点调查的方式对北京西山地区迁徙猛禽的过境情况进行监测。

猛禽观察活动（自然之友野鸟会供图）

百望山猛禽监测点

2013 年，为更系统地开展调查项目，成立了"北京鹃之飞羽生态监测工作室"，组成了更为精干的核心调查团队，全天候、全时段地在迁徙季节对西山地区迁徙猛禽情况进行高强度调查。从这一年起，不论阴晴雨雪、大风肆虐或是雾霾蔽日，在迁徙季节的每一个调查日，都会有项目团队的成员站立在西山之上，记录和守护着迁飞的猛禽。

截至 2018 年，项目实施的 7 年时间里，共有 26 名调查员，开展监测调查累计时长超过 8200 小时。形成调查记录千余份，共计辨识、记录各类迁徙猛禽超过 90000 只。

让我们从一个调查员的视角去感受一下猛禽由远及近的情景。

项目负责人宋晔正在指导调查

调查员的视角观察雀鹰飞过百望山

监测员在进行秋季调查（黄薇 摄）

经过对调查数据的分析，可以看出北京的猛禽迁徙呈现出这样一些特点。

首先，经过北京西山地区的迁徙猛禽种类非常丰富，是国内猛禽迁徙物种数最多的地点之一。截至 2018 年底，项目组已经在西山地区记录到隼形目和鹰形目猛禽 33 种。我们可以将这个数据与国内其他一些猛禽迁徙热点地区的情况，进行一下横向的比较。

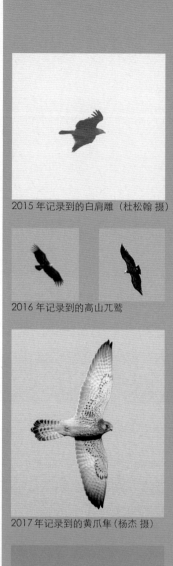

2015 年记录到的白肩雕（杜松翰 摄）

2016 年记录到的高山兀鹫

2017 年记录到的黄爪隼（杨杰 摄）

2018 年记录到的黑翅鸢（李强 摄）

观察地点	记录迁徙猛禽种数
北京西山	33
山东长山列岛	33
辽宁老铁山	32
广西北海冠头岭	29
台湾垦丁	29
江苏南京	26
重庆平行岭	22

虽然，由于各地的调查强度不完全相同，这样的数据也许不能完全准确地反映各地猛禽迁徙的情况，但也可以比较客观地反映各地的猛禽迁徙概貌。北京之所以成为猛禽迁徙的热点地区，很大程度上与其"南北适中""东西汇聚"的地理位置有着密切的关系，这样一个特殊的地理位置就使得更多的猛禽种类可以经过这一地区。例如，2016 年 5 月 15 日，监测团队在春季监测中记录到一只高山兀鹫的亚成鸟。该记录为近年来北京对于高山兀鹫唯一的一笔观察记录，也是唯一的北京高山兀鹫影像记录。这种食腐大型猛禽的国内主要分布地为西藏、青海、新疆这三个西部大省份，再有就是云南、四川、甘肃、内蒙古及宁夏等省份的西部地区。高山兀鹫出现在北京这样的东部地区实属罕见。

在 6 年来的监测中，其他记录到的比较罕见的猛禽还包括黄爪隼、白肩雕、草原雕、松雀鹰、凤头鹰、蛇雕、黑翅鸢等。

第二，在北京西山地区这条猛禽迁徙的重要通道上，凤头蜂鹰、普通鵟以及雀鹰这 3 种猛禽显然是明显的优势种，迁徙种群数量较大。以 2015 年的调查情况为例，在 3 月 24 日至 6 月 3 日的春季监测期间里，监测团队共形成 74 份有效记录，监测总时长 592 小时，记录迁徙猛禽 3 科 10 属 22 种共计 9789 只。其中数量较多的为凤头蜂鹰（5483只）、普通鵟（1791 只）以及雀鹰（863 只）。这 3 种猛禽的总数量占到了全部迁徙猛禽数量的 83.1%。而到了秋季，从 8 月 23 日至 11 月 3 日，监测团队共形成 75 份有效记录，监测时长超 600 小时，记录迁徙猛禽 3 科 10 属 22 种共计 7674 只。秋季总数量较春季略有减少，其中数量最多的种变为了雀鹰（1846 只），普通鵟以 1780 只仍然位列第二，而凤头蜂鹰则下降明显，仅以 1707 只屈居第三。但这 3 种猛禽的庞大队伍，仍然撑起了猛禽迁徙大军的半壁江山，达到了总数量的近 70%。在北京的迁徙路线上，其他比较常见的猛禽包括：灰脸鵟鹰、黑鸢、苍鹰、日本松雀鹰、白腹鹞、燕隼、红脚隼、游隼等。

游隼

迁飞的凤头蜂鹰

第三，由凤头蜂鹰等猛禽春、秋两季监测数量上的巨大差别分析，综合繁殖带来的正常种群增殖等因素，可以有力地支持这样一个结论——部分猛禽在春季与秋季迁徙的路线及策略的选择上，存在着巨大的差异。以凤头蜂鹰的迁徙情况为例，它们的迁徙高峰分别为春季的 5 月 11～15 日和秋季的 9 月 15～20 日，两个高峰中迁徙的个体数量可以占到整个迁徙季的 70% 以上。但比较 2012 年以来的春、秋两季监测数据，可以看到秋季迁徙数量明显少于春季，约为春季迁徙数量的 50%。结合其他地区和机构的研究成果，可以判断经由北京迁徙的凤头蜂鹰由不同的繁殖种群构成，而其中的一些种群秋季迁徙不经过北京。

第四，不同猛禽在迁徙策略选择上存在着显著的不同。北京迁徙的日行性猛禽中，凤头蜂鹰、普通鵟、黑鸢、灰脸鵟鹰等有比较明显的结群迁徙的行为。它们在整个迁徙季节里因物种的不同，呈现出不同的波峰。以秋季迁徙为例，从 9 月初至 10 月中下旬，北京会先后迎来凤头蜂鹰、黑鸢、灰脸鵟鹰及普通鵟的迁徙高峰，每一个迁徙高峰大约持续 10~15 天。而春天，这样的迁徙高峰则基本上以秋季的倒序出现。这种现象的出现，与各物种捕食对象在繁殖地的大规模发生或出现直接相关。

那么这样的迁徙高峰是个什么样子呢？我们还是以迁徙过境数量最大的凤头蜂鹰举例。在 2015 年 5 月 11 日和 12 日两天的迁徙数量就达到了 3774 只，占整个春季迁徙猛禽总数量的 38.5%。而这样一个由凤头蜂鹰迁徙个体支撑起来的峰值，往往带来单日迁徙数量的极值。就在 2015 年的 5 月 11 日这一天里，共记录到迁徙猛禽 2193 只，创下了迁徙调查 7 年以来单日记录猛禽数量的最高纪录，其中凤头蜂鹰就有 2100 只，占比高达 95.8%。

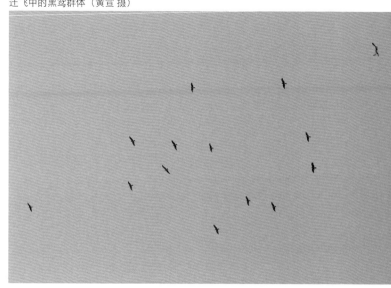

与凤头蜂鹰、黑鸢这类集群迁徙情况形成对比的是雀鹰、苍鹰、日本松雀鹰这类鹰属猛禽。这一类猛禽在迁徙途经北京的过程中，没有明显的集群飞行行为，通常以单个、结伴或三五成群的小群迁飞。以雀鹰为例，往往是从第一次监测就会有记录，直至迁徙季的最后一次监测，几乎每次都可以记录到雀鹰迁徙的情况。在整个迁徙季节里，日均迁徙数量 10 只左右。

结伴迁飞的雀鹰

集大群飞行的凤头蜂鹰（黄宣 摄）

迁飞中的黑鸢群体（黄宣 摄）

另外一个有趣的现象是，近年来随着松雀鹰、凤头鹰、蛇雕、黑翅鸢等东洋界常见猛禽先后在迁徙监测中被记录，南方鸟类向北扩散的现象似乎日趋明显。当然，这些都只是基于对监测数据初步分析的一种假说，远没有到得出结论的时候。这些现象背后的科学真相还需要更深入的研究。

凤头鹰

松雀鹰（李航 摄）

黑翅鸢

7 年的监测积累了海量的数据，对于这些记录的整理和深入分析还在继续，相信随着更多更深入的研究，我们的监测不仅会对猛禽迁徙行为研究提供有力的基础数据，也会为猛禽的保护工作提供帮助。比如，前文提到过猛禽会受到人为捕猎的威胁。在我们的一个监测点附近，就有一个地方叫做"打鹰洼"，从这个名字我们就不难想象这里曾经是猛禽捕杀的重灾区。不过，随着北京生态保护力度的不断增大，像捕杀猛禽这类国家重点保护动物的情形如今已经比较罕见。但是，捕捉其他雀形目野鸟的现象却还依然存在。我们在进行监测调查的过程中，就曾发现并阻止过这类捕鸟行为。

与在北京西山的猛禽迁徙监测活动类似，在广西北海冠头岭、重庆平行岭等地方，都有着很多观鸟爱好者，在用自己的行动为猛禽和其他野鸟护航。

项目团队在调查过程中发现并拆除的鸟网（吴兆丰 摄）

美境自然的监测员在冠头岭记录和守护迁徙的猛禽（方晓洤 摄）

鹗远去的背影

　　愿来了又去的猛禽们安好，只要你们还会遵循着与自然千万年不变的承诺，跋涉在迁徙之路上，我们的监测也将继续下去，目送你们远去，迎接你们归来，年复一年。

附录
北京地区猛禽名录

隼形目猛禽名录

序号	中文名	学名	英文名	居留类型	最佳观察时间段	最佳观察生境	您目击的时间、地点
1	红隼	*Falco tinnunculus*	Common Kestrel	旅鸟、夏候鸟、冬候鸟、留鸟	3～5月、9～10月	山地迁徙路线、低山丘陵、旷野	
2	红脚隼	*Falco amurensis*	Amur Falcon	旅鸟、夏候鸟	4～5月、9～10月	山地迁徙路线	
3	黄爪隼	*Falco naumanni*	Lesser Kestrel	偶见旅鸟	—	山地迁徙路线	
4	燕隼	*Falco subbuteo*	Eurasian Hobby	旅鸟、偶见夏候鸟	4～5月、9～10月	山地迁徙路线	
5	灰背隼	*Falco columbarius*	Merlin	冬候鸟、偶见旅鸟	11月至次年2月	湿地、旷野	
6	猎隼	*Falco cherrug*	Saker Falcon	旅鸟、冬候鸟、罕见夏候鸟	3～5月、9～11月	山地迁徙路线、湿地、旷野	
7	游隼	*Falco peregrinus*	Peregrine Falcon	旅鸟、偶见夏候鸟	3～5月、9～11月	山地迁徙路线	

鹰形目猛禽名录

序号	中文名	学名	英文名	居留类型	最佳观察时间段	最佳观察生境	您目击的时间、地点
1	鹗	*Pandion haliaetus*	Osprey	旅鸟、偶见夏候鸟	3～5月、9～10月	山地迁徙路线、湖泊	
2	凤头蜂鹰	*Pernis ptilorhynchus*	Oriental Honey-buzzard	旅鸟	5月、9月	山地迁徙路线	
3	黑翅鸢	*Elanus caeruleus*	Black-winged Kite	少见旅鸟	3～5月、9～10月	山地迁徙路线、湿地	
4	黑鸢	*Milvus migrans*	Black Kite	旅鸟、偶见夏候鸟	3～5月、9～10月	山地迁徙路线	
5	玉带海雕	*Haliaeetus leucoryphus*	Pallas's Fish Eagle	偶见旅鸟	—	湖泊、湿地	
6	白尾海雕	*Haliaeetus albicilla*	White-tailed Sea Eagle	少见冬候鸟	11月至次年2月	冬季不冻河谷	
7	虎头海雕	*Haliaeetus pelagicus*	Steller's Sea Eagle	罕见冬候鸟	—	—	
8	胡兀鹫	*Gypaetus barbatus*	Bearded Vulture	罕见迷鸟	—	—	
9	高山兀鹫	*Gyps himalayensis*	Himalayan Vulture	罕见迷鸟	—	—	
10	秃鹫	*Aegypius monachus*	Cinereous Vulture	留鸟、冬候鸟	11月至次年2月	冬季不冻河谷	
11	短趾雕	*Circaetus gallicus*	Short-toed Snake Eagle	少见旅鸟、罕见夏候鸟	3～5月、9～10月	山地迁徙路线	
12	蛇雕	*Spilornis cheela*	Crested Serpent Eagle	罕见旅鸟	—	山地迁徙路线	
13	白腹鹞	*Circus spilonotus*	Eastern Marsh Harrier	旅鸟、夏候鸟	3～5月、9～10月	山地迁徙路线、湿地	
14	白尾鹞	*Circus cyaneus*	Hen Harrier	旅鸟、夏候鸟、冬候鸟	3～5月、9～10月	山地迁徙路线、湿地	
15	鹊鹞	*Circus melanoleucos*	Pied Harrier	旅鸟	3～5月、9～10月	山地迁徙路线、湿地	
16	草原鹞	*Circus macrourus*	Pallid Harrier	罕见旅鸟	—	—	

序号	中文名	学名	英文名	居留类型	最佳观察时间段	最佳观察生境	您目击的时间、地点
17	白头鹞	*Circus aeruginosus*	Western Marsh Harrier	罕见旅鸟	—	—	
18	凤头鹰	*Accipiter trivirgatus*	Crested Goshawk	罕见旅鸟	—	山地迁徙路线	
19	赤腹鹰	*Accipiter soloensis*	Chinese Sparrowhawk	旅鸟、夏候鸟	4～5月、9～10月	山地迁徙路线、浅山林地	
20	日本松雀鹰	*Accipiter gularis*	Japanese Sparrowhawk	旅鸟、夏候鸟	4～5月、9～10月	山地迁徙路线、浅山林地	
21	松雀鹰	*Accipiter virgatus*	Besra	罕见旅鸟	—	山地迁徙路线	
22	雀鹰	*Accipiter nisus*	Eurasian Sparrowhawk	旅鸟、夏候鸟、冬候鸟	3～5月、9～11月	山地迁徙路线、浅山林地	
23	苍鹰	*Accipiter gentilis*	Northern Goshawk	旅鸟、偶见夏候鸟	3～4月、10～11月	山地迁徙路线	
24	灰脸鵟鹰	*Butastur indicus*	Grey-faced Buzzard	旅鸟、夏候鸟	4～5月、9～10月	山地迁徙路线、浅山林地	
25	普通鵟	*Buteo japonicus*①	Eastern Buzzard	旅鸟、冬候鸟	3～4月、10～11月	山地迁徙路线	
26	大鵟	*Buteo hemilasius*	Upland Buzzard	冬候鸟、罕见旅鸟	11月至次年2月	冬季不冻河谷	
27	毛脚鵟	*Buteo lagopus*	Rough-legged Buzzard	冬候鸟、罕见旅鸟	11月至次年2月	荒滩湿地	
28	乌雕	*Clanga clanga*②	Greater Spotted Eagle	旅鸟	3～4月、10～11月	山地迁徙路线	
29	草原雕	*Aquila nipalensis*	Steppe Eagle	罕见旅鸟	—	—	
30	白肩雕	*Aquila heliaca*	Eastern Imperial Eagle	罕见旅鸟	—	—	
31	金雕	*Aquila chrysaetos*	Golden Eagle	留鸟、罕见旅鸟	11月至次年2月	冬季不冻河谷	
32	白腹隼雕	*Aquila fasciata*	Bonelli's Eagle	罕见迷鸟	—	—	
33	靴隼雕	*Hieraaetus pennatus*	Booted Eagle	少见旅鸟	3～4月、10～11月	山地迁徙路线	

①由 *Buteo buteo* 的亚种提升为种。
②由 *Aquila* 属归入 *clanga* 属。

鸮形目猛禽名录

序号	中文名	学名	英文名	居留类型	观察时间段	最佳观察生境	您目击的时间、地点
1	北领角鸮	*Otus semitorques*[①]	Japanese Scops Owl	旅鸟、夏候鸟	5～8月	中低海拔疏林	
2	红角鸮	*Otus sunia*	Oriental Scops Owl	夏候鸟、旅鸟	5～8月	中低海拔疏林	
3	长尾林鸮	*Strix uralensis*	Ural Owl	罕见留鸟	—	中海拔密林深处	
4	斑头鸺鹠	*Glaucidium cuculoides*	Asian Barred Owlet	偶见游荡鸟	—	中低海拔疏林	
5	雕鸮	*Bubo bubo*	Eurasian Eagle-Owl	留鸟	11月至次年3月	峭壁地带	
6	灰林鸮	*Strix aluco*	Tawny Owl	留鸟	5～8月	中高海拔疏林河谷地带	
7	纵纹腹小鸮	*Athene noctua*	Little Owl	留鸟	全年	浅山丘陵及村长周边	
8	日本鹰鸮	*Ninox japonica*	Northern Boobook	夏候鸟	4～9月	中低海拔疏林	
9	长耳鸮	*Asio otus*	Long-eared Owl	旅鸟、冬候鸟、罕见夏候鸟	11月至次年3月	浅山疏林及林缘、平原林地	
10	短耳鸮	*Asio flammeus*	Short-eared Owl	旅鸟、冬候鸟	11月至次年3月	开阔湿地沼泽	

①由 *Otus lettia* 的亚种提升为种。

参考文献

北京猛禽救助中心.猛禽救助中心操作指南 [M].北京：中国林业出版社 ,2012.

蔡其侃.北京鸟类志 [M].北京：北京出版社 ,1987.

陈坤，刘庆平，廖庚华，等.利用雕鸮羽毛的消音特性降低小型轴流风机的气动噪声 [J].吉林大学学报（工学版）,2012,42（1）:79-84.

范鹏，钟海波，赵方，等.长山列岛猛禽的环志研究 [J].山东林业科技 ,2006(3):43-45.

高玮.中国隼形目鸟类生态学 [M].北京：科学出版社 ,2002.

高翔.北京天坛的长耳鸮 [J].大自然 ,2013（2）:25-27.

侯连海.中国古鸟类 [M].昆明：云南科技出版社 ,2003.

侯仁之.北京城的生命记忆 [M].北京：生活·读书·新知三联书店 ,2009.

侯仁之.北平历史 [M].北京：外语教学与研究出版社 ,2014.

黄健，付建国，郭玉民.黑龙江省鸟类新记录——蛇雕 [J].四川动物 ,2011,30（6）:881.

李成.冷艳猎手：蛇 [M].北京：人民邮电出版社 ,2014.

李法军.生物人类学 [M].广州：中山大学出版社 ,2007.

李湘涛.中国猛禽 [M].北京：中国林业出版社 ,2004.

李晓京，鲍伟东，孙来胜.北京市区越冬长耳鸮的食性分析 [J].动物学杂志 ,2007,42（2）:52-55.

梁文瑛.守望飞羽：中国观鸟故事 [M].北京：商务印书馆 ,2017.

林文宏.猛禽观察图鉴 [M].台北：远流 ,2006.

陆玲娣，朱家楠.拉汉科技词典 [M].北京：商务印书馆 ,2017.

马敬能，菲利普斯.中国鸟类野外手册 [M].长沙：湖南教育出版社 ,2000.

马鸣，徐国华，吴道宁，等.新疆兀鹫 [M]. 北京：科学出版社 ,2017.

孟凯巴依尔.国家动物博物馆精品研究——无脊椎动物 [M]. 南京：江苏凤凰科学技术出版社 ,2014.

孟庆金，（美）路易斯·M.恰佩.古鸟 [M]. 北京：化学工业出版社 ,2017.

饶胜.鹗形器研究 [D/OL]. 新乡：河南师范大学 ,2016[2017-1-3].http://wap.cnki.net/touch/web/Dissertation/Areicle/10476-1016234636.nh.html.

史蒂芬·莫斯.鸟有膝盖吗：鸟的百科问答 [M]. 王敏，译.北京：北京联合出版公司 .2018.

宋晔，闻丞.中国鸟类图鉴：猛禽版 [M]. 福州：海峡书局 ,2016.

孙儒泳.动物生态学原理（第三版）[M]. 北京：北京师范大学出版社 ,2001.

樋口广芳.鸟类迁徙之旅：候鸟的卫星追踪 [M]. 关鸿亮，华宁，周璟男，译.上海：复旦大学出版社 ,2010.

万冬梅，高玮，赵匠，等.辽宁猛禽迁徙规律的研究 [J]. 东北师大学报（自然科学版），2002,34（2）:78-82.

王诚之，等.鹰缘际会：垦丁国家公园观鹰手册 [M]. 屏东：垦丁国家公园 ,2005.

王鸿媛.北京鱼类和两栖、爬行动物志 [M]. 北京：北京出版社 ,1993.

闻丞，韩冬，孙驰.北京 2 种猛禽新分布记录 [J]. 动物学杂志 ,2012,47（5）:142.

萧庆亮.台湾赏鹰图鉴 [M]. 台中：星辰 ,2001.

谢强，卜文俊.进化生物学 [M]. 北京：高等教育出版社 ,2010.

鹰司信辅.鸟类（第三版）[M]. 舒贻上，译.上海：商务印书馆 ,1948.

詹姆斯·卡拉特.生物心理学（第 10 版）[M]. 苏彦捷，等，译.北京：人民邮电出版社 .2011.

张劲硕，张帆.国家动物博物馆精品研究——脊索动物 [M]. 南京：江苏凤凰科学技术出版社 ,2014.

张兰生.中国古地理：中国自然环境的形成 [M]. 北京：科学出版社 ,2017.

张荣祖.中国动物地理 [M]. 北京：科学出版社 ,2011.

赵欣如.北京鸟类图鉴（第二版）[M]. 北京：北京师范大学出版社 ,2014.

郑光美 . 中国鸟类分类与分布（第三版）[M]. 北京：科学出版社 ,2017.

郑作新 . 中国的鸟类（第二版）[M]. 上海：商务印书馆 ,1953.

周长发，杨光 . 物种的存在与定义 [M]. 北京：科学出版社 ,2011.

自然之友野鸟会 . 常见野鸟图鉴·北京地区 [M]. 北京：机械工业出版社 ,2013.

C. Barry Cox,Peter D. Moore. 生物地理学——生态和进化的途径 (第七版)[M]. 赵铁桥 ,
    译 . 北京：高等教育出版社 ,2007.

Dick F,Flight identification of raptors of Europe,North Africa and Middle East[M].
    London: Christopher Helm,2016.

E.Mary，等 . 动物分类学的方法和原理 [M]. 郑作新，译 . 北京：科学出版社 ,1965.

James F L, David A, Christie. Raptors of the World [M]. Princeton：Princeton
    University Press,2005.

Jean-Baptiste de Panafieu. 演化 [M]. 邢路达，胡晗，王维，译 . 北京：北京美术摄影出
    版社 ,2016.

the end